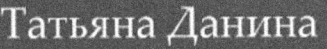

Татьяна Данина

УЧЕНИЕ ДЖУАЛ КХУЛА

Книга 5

БИОЛОГИЯ (ВКЛЮЧАЯ ПРАНОЕДЕНИЕ)

ЭЗОТЕРИЧЕСКОЕ ЕСТЕСТВОЗНАНИЕ

УЧЕНИЕ ДЖУАЛ КХУЛА

Книга 5

БИОЛОГИЯ
(ВКЛЮЧАЯ СТАТЬИ ПО ПРАНОЕДЕНИЮ)

* * * * *

СЕРИЯ

ЭЗОТЕРИЧЕСКОЕ ЕСТЕСТВОЗНАНИЕ
* * * * *

Третья часть Учения гималайского адепта,
Джуал Кхула,
синтез науки и эзотерики

* * * * *

ДАНИНА ТАТЬЯНА

* * * * *

CREATE SPACE EDITION

2014

e-mail: danina.t@yandex.ru
Все электронные книги из серии «Эзотерическое Естествознание» представлены на вебсайте Amason:
https://authorcentral.amazon.com/gp/books?ie=UTF8&pn=irid58388648

Книга 1 – «Основные оккультные законы и понятия» - http://www.amazon.com/dp/B00I1MFZV8;

Книга 2 – «Эфирная механика» - http://www.amazon.com/dp/B00I214ATQ;

Книга 3 – «Астрономия и космология» - http://www.amazon.com/dp/B00I21HFU2;

Книга 4 – «Механика тел» - http://www.amazon.com/dp/B00I21HEO4;

Книга 5 – «Биология» - http://www.amazon.com/dp/B00I21NBGY;

Книга 6 – «Новая Эзотерическая Астрология, 1» - http://www.amazon.com/dp/B00I21NDV;

Книга 7 – «Оптика и теория цвета» - http://www.amazon.com/dp/B00I21NDV2;

Книга 8 – «Химия» - http://www.amazon.com/dp/B00I21NCW2;

Книга 9 – «Термодинамика» - http://www.amazon.com/dp/B00J13QH9K.

Еще книга моего дедушки – «Воспоминания русского фельдшера о финской войне» - http://www.amazon.com/dp/B00I21QZ3K

Все эти же книги теперь будут изданы на Create Space в печатном варианте и будет продаваться на Amazon – ищите в графе – Paperback.

Те же книги на английском:

The books of the series "The Teaching of Djwhal Khul – Esoteric Natural Science" - **"The main occult laws and concepts"** - http://www.amazon.com/Main-Occult-Laws-Concepts -ebook/dp/B00GUJJR72

"Ethereal mechanics" - http://www.amazon.com/The-Doctrine-Djwhal-Khul-mechanics-ebook/dp/B00I8KSY8Y (paperback - https://www.createspace.com/4836813)

"New Esoteric Astrology, 1" - http://www.amazon.com/dp/B00JF6RMCY (paperback - https://www.createspace.com/4827294)

"Thermodynamics" - http://www.amazon.com/dp/B00KGHK8EU (paperback - https://www.createspace.com/4838412)

The book of my grandpa – **"The memories of the russian military paramedic Michael Novikov of the Finnish war"** http://www.amazon.com/dp/B00JYDITQ6

Желаем вам увлекательного прочтения!

СОДЕРЖАНИЕ

10. Зависимость метаболизма от температуры окружающей среды.

11. Война полов.

12. Причина блеска глаз в возбужденном состоянии.

13. Государство с точки зрения царства животных.

14. Воля человека и метаболизм.

15. Генетическое наследование информации.

16. Громкость голоса как показатель уровня энергии в организме.

17. Дополнительный аргумент, подтверждающий предшествование растительного царства животному.

18. Тела людей и человеческие «Я» — есть ли общее?

19. Зависимость уровня обмена веществ от степени активности.

20. Изменение высоты голоса.

21. Расщепление различных видов пищи.

22. Зрительное восприятие.

23. Инстинкт, интеллект и интуиция.

24. Кровоснабжение органов.

25. Метаболизм самцов и самок.

26. Механизм возникновения солнечного удара.

27. Нагрев и охлаждение клеток организма.

28. Мышечная работа и потоотделение.

29. Нервная дрожь.

30. Объяснение ряда психофизиологических состояний.

31. Оздоровление организма.

32. Пища — источник топлива, а не энергии. Энергию поставляет кислород.

33. Память четырех царств.

ЧАСТЬ 1.

БИОЛОГИЯ

01. РАСЦВЕТ ПОКРЫТОСЕМЕННЫХ – КОСВЕННАЯ ПРИЧИНА ЛЕДНИКОВОГО ПЕРИОДА И ГИБЕЛИ ДИНОЗАВРОВ.

Эпиграф к статье: "...последние динозавры вымерли в конце мелового периода (около 65 млн. лет назад)" (Биологический Энциклопедический Словарь под ред. М.С. Гилярова, статья "Динозавры").

"Благодаря высокой эволюционной пластичности Цветковые растения в середине мелового периода (примерно 110 млн. лет назад) распространились по всему земному шару"(БЭС, статья "Цветковые растения").

Мы, люди, обитаем на поверхности планеты, и кроме того, человеческий век недолог по космическим меркам, поэтому мы в первую очередь испытываем и замечаем изменения температуры атмосферы и поверхности планеты. Температуру на поверхности, помимо солнечного излучения, обуславливает еще ряд других факторов, не солнечного происхождения.

Давайте начнем с того, что ученые-климатологи совершенно справедливо называют причиной всемирного потепления климата «парниковый эффект». Рассмотрим, что он собой представляет.

Я вас спрошу, почему солнечные элементарные частицы, поглощенные элементами на поверхности планеты, все равно рано или поздно начнут двигаться в направлении центра планеты. Да потому что в этом направлении действует суммарное Поле Притяжения планеты. Частицы движутся по поверхности элементов, в промежутках между ними. Когда Солнце освещает данную область поверхности планеты, падающих частиц много. Накопление этих частиц элементами поверхностных слоев планеты приводит к уменьшению величины Центростремительного Поля Притяжения. Поэтому в дневное время и в жаркое время года элементы атмосферы и поверхности планеты нагреваются из-за того, что они меньше отдают накопленные частицы вниз, в направлении центра планеты. Однако в ночное и холодное время года суммарное Поле Притяжения возвращается к своему естественному значению, и поэтому элементы атмосферы и поверхности начинают быстро терять накопленные частицы.

Так вот, чем больше величина суммарного Поля Притяжения химического элемента, тем лучше он поглощает свободные частицы. Отсюда следует, что химические элементы веществ, находящихся при н.у. в твердом агрегатном состоянии, больше накапливают и хуже отдают частицы по сравнению с элементами жидких и газообразных веществ, а элементы жидких больше накапливают и меньше отдают только по сравнению с газообразными веществами. Поэтому элементы атмосферы накапливают меньше свободных частиц, чем элементы в составе жидких и твердых веществ на поверхности планеты. Мы обитаем в окружении атмосферы, поэтому изменения именно степени прогрева атмосферы в наибольшей мере сказываются на температуре наших собственных тел. Так вот, изменения химического состава атмосферы обуславливают изменения степени ее прогрева. Чем больше величина суммарных Полей Притяжения элементов в составе атмосферы, тем больше солнечных частиц суммарно накапливается элементами атмосферы - т.е. тем больше прогревается атмосфера благодаря накопления ею солнечных частиц с Полями Отталкивания. В атмосфере Земли наибольшими суммарными Полями Притяжения обладают элементы углерода и кислорода в составе углекислого газа и органических примесей в атмосфере (например, метана), а также у элементов кислорода и водорода в составе воды. В чистом воздухе в мельчайших долях присутствует достаточно богатый набор химических элементов, обладающих значительными суммарными Полями Притяжения. В загрязненном воздухе процент этих примесей гораздо выше.

Атмосферы других планет несколько отличаются от атмосферы Земли. К примеру, ни на одной из них нет такого большого процентного содержания чистых азота и кислорода. Но в целом необходимо сказать, что атмосферы планет, содержащие много элементов со значительными суммарными Полями Притяжения, накапливают больше солнечных частиц с Полями Отталкивания и хуже «отдают» накапливаемое «тепло» в направлении центра планеты по сравнению с менее плотными атмосферами. Т.е более плотные атмосферы лучше нагреваются в дневное время и в жаркое время года и меньше остывают ночью и в холодное время года. Т.е. в целом более плотные атмосферы имеют более высокую температуру по сравнению с более разреженными.

Итак, замедление охлаждения нагретых днем атмосфер в результате накопления химическими элементами солнечных элементарных частиц – к этому и сводится суть «парникового эффекта». Поэтому я подтверждаю выводы ученых относительно того, что накопление в атмосфере углекислого газа и других соединений, содержащих элементы со значительными суммарными Полями Притяжения, которые выбрасываются в атмосферу в составе автомобильных выхлопов и выбросов промышленных производств, приводят к возрастанию парникового эффекта.

Да, что ни говори, а человеческая техносфера хорошо способствует сохранению «атмосферой «тепла». Но не думаю, что это плохо, ведь иначе бы мы мерзли ночами и в холодные сезоны значительно сильнее, чем сейчас. Хотя много ядовитых выбросов в атмосферу несомненно вредят нашему здоровью (и их надо остерегаться), но в целом то, что люди так много всего жгут, хорошо согревает поверхность планеты (особенно актуально это для населения северных территорий). Можно считать, что при помощи создаваемого человечеством «парникового эффекта» мы предупреждаем оледенение областей планеты, близких приполярным – т.е. высоких широт. Что касается таяния ледников на полюсах, то не думаю, что содержание углекислого газа повысится настолько и температура возрастет так сильно, что полярные шапки действительно по-настоящему начнут таять. Быстрее у человечества закончатся все виды топлива, чем растает лед на полюсах.

Не забывайте также, что похолодание приведет к значительно более серьезным последствиям по сравнению с существующим ущербом от всемирного потепления – и не только для населения северных стран, но и всего земного шара.

В настоящее время проще всего бороться с чрезмерным проявлением парникового эффекта, насаждая деревья.

А теперь поговорим о потеплениях и похолоданиях, имевших место в истории Земли, когда еще антропогенный фактор не был столь силен.

Источником углекислого газа, поступающего в атмосферу любой планеты, можно считать его выброс из недр планеты в ходе вулканической активности. Растения уменьшают процент углекислого газа в атмосфере. Когда на Земле не было растительного царства, чистого кислорода в атмосфере практически не было, а углекислый газ главенствовал. А потому в очень-очень давние времена из-за парникового эффекта климат на Земле был очень жарким. Возможно столь же жарким, как сейчас это имеет место на Венере. Особенно если учитывать, что Земля тогда располагалась ближе к Солнцу. Появление на Земле растений и их повсеместное распространение привело к постепенному повышению в атмосфере уровня чистого кислорода и снижению уровня углекислого газа, что, в свою очередь, вызвало уменьшение парникового эффекта и оледенению приполярных и средних широт.

Затем набрало силу животное царство. Жизнедеятельность животных (дыхание) привела к обратному снижению уровня кислорода и повышению уровня углекислого газа.

Таким образом, именно жизнедеятельность животных привела к таянию ледников и повторному потеплению климата.

Травоядные животные поедали растения. Когда животные истребляли слишком много растений, им становилось нечем питаться. Виды животных начинали вымирать. Хищные виды тоже вымирали – не забывайте, что их численность зависит от численности травоядных. Снижение количества животных снова вело к повышенному размножению растений. В итоге, Царства растений и животных регулировали численность друг друга по принципу обратной связи. Все это прекрасно описано в эволюционном учении Ч. Дарвина. Растения, защищаясь от полного истребления животными, совершенствовали свою способность к размножению. Животные, в свою очередь, приспосабливались к изменяющимся химическим составам растений. В результате, потепления и похолодания случались в истории земли неоднократно.

Помимо всего прочего, «война» растений и животных отражалась на уровне углекислого газа и кислорода в атмосфере, и, как следствие, на смене похолоданий и потеплений в климате планеты В процессе этой борьбы за существование виды как растений, так и животных всячески видоизменялись. Животные «выедали» растительное царство. Растения, стремясь к сохранению себя и своего потомства, совершенствовали свою способность к размножению – т.е. семена. Более приспособленные, совершенные виды лучше выживали, и, естественно, в большем числе распространялись по Земле. К примеру, буйно размножившиеся в начале мелового периода покрытосеменные растения можно рассматривать в качестве венца растительного царства. Цветковые растения столь успешно размножались, что буквально заполонили Землю. Расцвет покрытосеменных совпадает со временем вымирания динозавров и с зарождением млекопитающих. В чем же связь?

К концу мелового периода вымерли многие группы животных - полностью динозавры, частично – двустворчатые моллюски, морские ежи и плеченогие, и еще ряд других групп. Их вымирание связано с расцветом во флоре Земли в начале мелового периода покрытосеменных растений – венца растительного царства. Цветковые растения расселились по всей поверхности суши. Это стало причиной резкого уменьшения в атмосфере процента углекислого газа (и соответствующего подъема уровня кислорода). Углекислый газ, благодаря углероду, входящему в его состав, обладает способностью накапливать (поглощать) солнечные частицы, среди которых преобладают частицы с Полями Отталкивания, и таким путем нагревать атмосферу. Уменьшение в атмосфере процента углекислого газа стало причиной охлаждения атмосферы, и, соответственно, похолодания климата на Земле. Постепенное понижение температуры атмосферы началось вместе с расселением покрытосеменных по поверхности суши. И уже к середине мелового периода все животные, которые были адаптированы к более теплому климату, стали постепенно исчезать с лица Земли. И в первую очередь это относится к хладнокровным животным, трехкамерное сердце которых заставляет смешиваться артериальную кровь (содержащую горячий кислород) с венозной (содержащей охлажденный кислород). Динозавры и другие животные с трехкамерным сердцем вымерли, потому что стали уязвимы для хищников в холодное время суток (ночью), в холодное время года (зимой) и в холодную погоду. Численность таких животных неуклонно сокращалась – так происходило вымирание.

Что касается млекопитающих, предполагаю, что они первоначально зародились ближе всего к полюсам по сравнению с остальными группами животных. Их можно рассматривать как особую группу животных, лучше других приспособленную к активному образу жизни в холодных условиях. На полюсах климат всегда был холоднее по сравнению с другими областями поверхности Земли, даже в жаркие эпохи, предшествовавшие расцвету покрытосеменных. Четырехкамерное сердце млекопитающих позволяло их организму во время каждого сердечного сокращения омываться чисто артериальной кровью, содержащей высокий процент горячего кислорода. Это позволяло млекопитающим не замерзать в холодное время года, суток и в холодную погоду, а также в холодных областях планеты. Поэтому можно предположить, что млекопитающие царствовали в приполярных областях и в эпоху динозавров. Когда же с начала мелового периода началось расселение покрытосеменных, сопровождающееся постепенным похолоданием атмосферы, млекопитающим был дан шанс и они им, конечно, воспользовались. Постепенно хищные млекопитающие, в буквальном смысле, съели всех динозавров (и другие группы неприспособленных «трехкамерных» животных). Скорее всего, хищные млекопитающие, которые в эпоху динозавров, имели, в большинстве своем, небольшие размеры, съедали не самих взрослых особей динозавров, а их яйца и детенышей. В результате, численность динозавров неуклонно сокращалась.

Вы спросите, почему тогда не вымерли крокодилы, черепахи, змеи и ящерицы?

Ну, во-первых, у крокодилов тоже 4-хкамерное сердце, что защищает их от холода.

А во-вторых, сравните размеры пресмыкающихся наших дней и средние размеры большинства динозавров. Мог ли какой-нибудь динозавр, например, все тот же бронтозавр, на ночь вырыть себе норку и переждать в ней ночь?» Не думаю. Не успеет. Да ладно, не успеет. Задача, ведь, не из легких. Да и рыть особо не чем. А вот мелким пресмыкающиеся легче удавалось отыскать или создать себе на ночь убежище, где они и укрывались от ночного холода и хищных млекопитающих. В итоге многие виды мелких пресмыкающихся сохранились на Земле до нашего времени (крокодилы, как уже сказано, вне конкуренции).

Да, конечно, такого глобального похолодания в эпоху мела еще не наблюдалось, как, например, в плейстоцене или голоцене. Однако именно с мела все и началось. Год от года, век от века в атмосфере снижался процент углекислоты. И причина – бурное размножение покрытосеменных. Защищенное семя – какое преимущество в процессе размножения!

Итак, как это ни удивительно, но мы, млекопитающие, обязаны своим существованием покрытосеменным растениям. Не будь их, не было бы и нас, в прямом смысле! Покрытосеменные растения косвенно «истребили» динозавров и дали шанс на более безопасное существование теплокровным животным. Вот так!

Появление и развитие человечества в очередной раз изменило ситуацию на планете, и в атмосфере в том числе. Людям нужны оба царства – и растения, и животные. Мы всячески эксплуатируем и тех, и других. В итоге, с тех пор, как люди стали активно подчинять Земную Природу и вмешиваться в жизнедеятельность животных и растений, климат стал более постоянным – без чрезмерных потеплений и похолоданий. Однако человечество само является ответвлением Животного царства. Поэтому в процессе дыхания производит углекислый газ и потребляет кислород. Поэтому человеческая жизнедеятельность также способствует росту парникового эффекта. А к этому следует добавить такое массированное сжигание топлива. Вот и выходит, что человек – несомненный «виновник» последнего потепления на Земле. Но в отличие от предыдущих времен, растительное царство не может ответить увеличением своей численности – хотя в атмосфере так много нужного для них углекислого газа – так как очень сильно подчинено человеку.

Но не делайте из сказанного вывод, будто человек в действительности «виноват» в потеплении. Человек – это часть Земной Природы и всего лишь стремится выжить на поверхности этой планеты. А это ОЧЕНЬ нелегко.

02. ВЫМИРАНИЕ МАМОНТОВ

Вас не должно вводить в заблуждение выражение «*появление вида*». Для того, чтобы оформился вид, требуются сотни тысяч, а порой и миллионы лет (например, человек). Любой вид возникает не на пустом месте, ему всегда предшествует какой-то другой вид.

Точно также не может сразу вымереть целый вид. *Вимирание вида* происходит постепенно. Это всегда сокращение численности из-за недостатка рождаемости, или высокой смертности детенышей или ослабленных взрослых. Естественным путем вид вымирает, когда становятся неблагоприятными условия, в которых он обитает – слишком холодно, или слишком жарко, или недостаточно пищи.

Никогда также не следует забывать о том, что животным всегда требуется пища. Нет пищи – и вид вымирает.

Мамонты – это вид, приспособленный к северным территориям, где холодные зимы. Тот факт, что мамонты, как вид просуществовали долго, свидетельствует о том, что им хватало пищи – т.е. растительности. Иначе бы они не смогли поддерживать такие огромные размеры. Для справки – мамонты вымерли в конце плейстоцена, начале голоцена.

Покрытосеменные сами «вырыли себе ловушку» на севере. Начиная с мелового периода климат неуклонно становился все холоднее. Из-за этого в приполярных областях (особенно на континентах, где вода не смягчает климат) стали вымерзать растения, в том числе и покрытосеменные.

Видимо, вымерзание растений из-за обледенения почвы в северных областях, где обитали мамонты, как раз и послужило причиной их постепенного вымирания. Их гигантские размеры требовали больше пищи.

Мамонты, по мере дальнейшего похолодания климата и вымерзания растений на территории их обитания, мигрировали все дальше на юг. При этом в ходе эволюции, они «теряли шерсть». Мигрировавшие мамонты стали прародителями слонов.

А вот те группы мамонтов, что остались в северных районах, погибли от недоедания и холода. В то время как более мелкие травоядные, например, такие как северные олени, которым требуется меньше пищи, выжили как вид.

Можно продолжить мысль, и предположить, что все виды крупных травоядных, обитавших в приполярных областях, вымерли из-за недостатка пищи.

Цветковые - это не только деревья, но также и кустарники и травянистые растения. А в приполярных областях и сейчас много карликовых лиственных деревьев. Конечно, мамонты питались не только цветковыми. Папоротники, мхи, лишайники тоже подходят травоядным. Мягкую хвою голосеменных они тоже могли поедать.

Когда-то давно, в начале плейстоцена, в приполярных областях было теплее, что позволяло покрытосеменным расти там более буйно.

Мамонты - это предшественники слонов. Динозавры дольше всего не вымирали на экваторе и в тропических областях. А вот приполярные области первыми стали освобождаться от ига динозавров. Поэтому именно приполярные области в первую очередь стали территориями, где травоядные млекопитающие чувствовали себя свободно. Много пищи и мало динозавров. Именно поэтому в эпохи после мела было так много видов млекопитающих, покрытых шерстью - они жили в приполярных областях.

Так что слоны вторичны по отношению к мамонтам. Обледенение территорий и недостаток пищи заставил их мигрировать в теплые области - в Азию и в Африку.

В последнее время появился целый ряд странных гипотез, объясняющих вымирание мамонтов. Основываясь на фактах обнаружения в ледниках Сибири хорошо сохранившихся тел мамонтов с непереваренной травой в желудках, создатели этих теорий утверждают, что якобы эти мамонты погибли мгновенно. Одни указывают в качестве причины мгновенной гибели мамонтов - поворот Земли в пространстве («кувыркание Земли»), в результате чего Сибирь оказалась на месте северного (или южного?) полюса. Другие говорят, что перевернулась в пространстве не вся Земля, а лишь сместилась земная кора, а само ядро планеты осталось в прежнем положении.

В свою очередь мы не хотим мучить ваше сознание подобного рода оторванными от реальности умозаключениями, и дать находкам мамонтов в Сибири гораздо более простое объяснение.

Представьте себе такую ситуацию. Человек оказался зимней, холодной ночью вдали от жилья. И пускай даже на нем теплая одежда, а в руках теплая и калорийная пища, он очень даже запросто может не дожить до утра - замерзнет. И при этом, когда его найдут, например, откопают под снегом, у него тоже в желудке найдут полупереваренную пищу.

У мамонтов не было жилья, и огонь они не разводили. Обитали в условиях арктической тундры. В холодное время года добывали себе пищу также, как это делают сейчас северные олени, яки, лоси и прочие травоядные зимой – из-под снега. Если ослабленное животное застигнет ночью зимой снежная буря, оно легко может погибнуть от холода. Что говорить о детенышах. Если мамонтенок отстанет в такую погоду от стада и потеряется – то, скорее всего, погибнет.

Вот таким образом можно объяснить нахождение археологами тел мамонтов с травой в желудках.

03. РЕЦЕССИВНЫЕ ГЕНЫ – ДОМИНАНТНЫЕ, БЕЛАЯ РАСА – ЧЕРНАЯ, ЖЕНЩИНЫ – МУЖЧИНЫ.

А теперь я хочу предложить вашему вниманию статью, в которой будет одновременно переплетено сразу несколько тем: 1) Причины разделения видов на два пола, первоочередность появления полов, наследование половых признаков; 2) Причины зарождения белой и черной рас, первоочередность их появления на Земле; 3) И, наконец, вопрос о доминантных и рецессивных генах.

И давайте начнем с последнего пункта.

Вопрос о том, что такое «память», и «генетическая память», в частности, достаточно сложен. В этой статье мы не станем говорить об этом подробно, и затронем лишь некоторые моменты этой темы.

Ген – это участок хромосомы, кодирующий тот или иной признак организма. Т.е. в гене «записана» информация о данной особенности организма.

Возьмем, к примеру, такой признак, как «цвет кожи». Он кодируется не одной парой аллельных генов, а целым рядом таких пар. Но упрощенно все же можно сказать, что ген, ответственный за темную кожу, богатую меланином, доминирует над геном, на котором «записана» информация о светлой коже, бедной меланином. Т.е. ген темной кожи является доминантным, а ген светлой кожи – рецессивным.

То же самое можно сказать про особенности цвета волос и цвета радужной оболочки. Наследование этих признаков схоже с наследованием цвета кожи. Эти признаки также кодируются не одной парой аллельных генов, а целым рядом таких пар. Но упрощенно можно считать, что ген, отвечающий за светлые волосы является рецессивным, в то время как ген темных волос – доминантный. Также ген светлых глаз (серых, голубых, зеленых) - рецессивный, а ген темных глаз (карих) – доминантный.

Эта информация не новая, ею никого не удивишь. Чем же новым я хочу с вами поделиться? А вот чем.

Доминантный признак как бы «заглушает» рецессивный. Но почему вообще существуют доминантные и рецессивные признаки? Почему, например, светлая и темная кожа не наследуются на равных? И то, каким будет цвет кожи человека не определяется, например, методом «случайного выбора»?

Объяснение следующее.

На мой взгляд, *доминантной является более молодая информация, т.е. «записанная» в генах позднее. В то время как рецессивной будет более древняя информация, появившаяся раньше по времени. Т.е. гены, кодирующие светлую кожу, светлые волосы и светлые глаза, появились раньше генов, кодирующих темную кожу, темные волосы и темные глаза.*

Для того, чтобы понять как появилась данная гипотеза, следует обратиться к истории развития жизни на Земле.

В статьях, посвященных вымиранию динозавров и мамонтов, уже говорилось о том, что первыми начали освобождаться от господства динозавров приполярные территории. Наибольшую опасность для млекопитающих представляли именно хищные динозавры. Хотя и травоядные пресмыкающиеся составляли конкуренцию для травоядных млекопитающих.

Расцвет Покрытосеменных (Цветковых) растений стал причиной уменьшения в атмосфере Земли углекислоты, и климат на планете постепенно стал охлаждаться. Млекопитающее более приспособлены к холодным условиям, чем пресмыкающиеся. Во-первых, благодаря своему 4-камерному сердцу. А во-вторых, у млекопитающих, в отличие от пресмыкающихся, инкубационный период развития детенышей протекает внутри тела матери. Т.е. детеныши достигают необходимой степени зрелости в тепле материнского организма. Пресмыкающиеся не насиживают яйца, которые откладывают. Они зарывают их в почву или в песок. Насиживать яйца стали птицы, потомки динозавров (данная особенность у них эволюционно развилась из-за необходимости как-то согревать яйца в условиях общего похолодания климата). Когда климат стал холоднее, и почва, соответственно, быстрее и в большей мере стала остывать, яйца динозавров перестали дозревать в необходимой мере. Детеныши внутри яиц, гибли, не вылупляясь, от холода. Это и послужило главной причиной постепенного вымирания динозавров. Численность вылупляющихся детенышей постепенно сокращалась.

Млекопитающие зародились в приполярных территориях, которые стали первыми освобождаться от ига динозавров. Северная Америка и Евразия стали местом все большего расцвета млекопитающих. Дольше всего динозавры сохранялись в экваториальных областях, где климат и до сих пор очень жаркий (но, вероятно, был еще жарче в эпоху динозавров).

Постепенно я подвела вас к очень важному выводу, который мы сейчас сделаем. *Человек, как вид, зародился именно на севере – на североамериканском и евразийском континентах. Причем, именно в северных областях этих континентов, в суровых, холодных условиях.* И развитие людьми способности добывать огонь стало поворотным этапом в истории человечества. Именно здесь пролегла граница между людьми и животными. Но мы отвлеклись.

Внимание! А теперь сделаем еще более интересный вывод. *Люди первой расы, сформировавшейся на Земле, были светлокожие, светловолосые и светлоглазые*. Отсутствие меланина в коже, волосах и радужке – это характерный признак людей, живущих в условиях, где земная поверхность суммарно, в течение года получает мало солнечного излучения.

Любое тело, окрашенное в светлые тона, накапливает больше элементарных частиц, чем темное тело. Это особенность химических элементов, образующих тела разной окраски. Подробно об этом мы поговорим в главе, посвященной оптике.

Химические элементы в составе светлой кожи накапливают на своей поверхности больше солнечных частиц (среди которых преобладают частицы с Полями Отталкивания), чем химические элементы в составе темной кожи. Собственно, само вещество *«меланин»* - это эволюционное приобретение, защита организма от перегрева. Меланин имеет темный цвет. Темные тела хуже накапливают на своей поверхности солнечные частицы. Движущиеся из ионосферы к центру планеты. Т.е. на темной коже оседает меньше нагревающих ее элементарных частиц с Полями Отталкивания. А вот на светлой коже оседает их больше. Поэтому светлая кожа, светлые волосы и светлые глаза обеспечивают дополнительное поступление в организм солнечных частиц, которые нагревают организм. Именно такие, лишенные меланина люди, могли лучше всего приспособиться к холодному климату северных территорий.

Повторю еще раз вывод – ***первая раса людей на земле была «белой»***. Следовательно, белая раса людей – наиболее древняя на Земле. Это не повод для шовинистических настроений. У каждой расы свои преимущества и свои недостатки.

В дальнейшем, в ходе эволюции жизни на Земле, климат становился все холоднее. И динозавры начали вымирать уже и в тропических областях. И по мере того, как освобождались территории все дальше от северного полюса, туда мигрировали и люди. Большее количество солнечного излучения привело к появлению в их коже меланина – т.е. их кожа стала смуглой, волосы темными, а глаза карими. Темный цвет кожи, волос и глаз помогал защищать организм от перегрева.

Динозавры не сразу сдали все свои позиции. Многие их популяции продолжали существовать в жарких областях, особенно на экваторе. В связи с этим, люди, мигрировавшие с севера на юг, еще долго сражались с динозаврами. Отголоски этой борьбы находят свое отражение в мифах о драконах, пожиравших людей. Храбрые воины отправлялись с ними на битву. Или драконам (динозаврам) приносили жертвы.

Азиатская раса зародилась как результат миграции на юг белой расы. Черная (негритянская) раса – это азиаты, мигрировавшие еще дальше от северного полюса на юг.

Таким образом, *большое содержание меланина в коже, волосах и радужной оболочке – это более молодой признак. Он доминирует над более древним признаком – отсутствием меланина.*

Те, кого данные рассуждение не убедили, могут возразить. Они могут сказать – почему вы решили, что доминирует более молодая информация? Может быть наоборот, доминирует более древняя информация? Т.е. сочтут наличие меланина более древним признаком, а его отсутствие – более поздним. Ну что же, для возражения этим людям мы обратимся к истории возникновения половых признаков, а также к особенностям их наследования.

Мы уже вели речь о том, что «ген» – это участок хромосомы, кодирующий какой-либо признак организма. Так вот, половых признаков так много, что их кодирует не один ген, а целая хромосома, которую называют *«половой»*. На половых хромосомах «записаны» не только сведения об органах и системах организма, участвующих в процессе размножения. Здесь же хранится информация о **половом поведении**. Подчас половое поведение бывает настолько сложным, что это компенсирует редуцированную половую систему. Например, такую ситуацию мы можем наблюдать у птиц. И в результате половая хромосома этого типа особей оказывается длинной, а не укороченной.

Сейчас мы не станем останавливаться на том, как осуществляется хранение информации на хромосомах.

Рассмотрим наследование половых признаков у млекопитающих.

Репродуктивная система самцов (любых классов, не только млекопитающих) сведена к минимуму. У самцов отсутствует основной ее аспект – в их телах нет инкубаторов для созревания детенышей или яиц. У самок анатомо-физиологическая часть репродуктивной системы очень сложна – несравнимо сложнее, чем у самцов. Половое поведение млекопитающих сложное как у самок, так и у самцов. Но у самок все же в большей мере, нежели у самцов. В половом поведении самцов млекопитающих у подавляющего большинства видов практически отсутствует программы поведения, связанные с заботой о детенышах. У самок же. Конечно, эти программы – основа их полового поведения. У самцов в их половых хромосомах хранится очень сложная информация, посвященная конкурентным взаимоотношениям с другими самцами в борьбе за право оплодотворять самок, а также программы поиска и привлечения самок. Именно вся эта информация занимает большую часть Y-хромосомы самцов млекопитающих. X-хромосома самок млекопитающих наполовину заполнена сведениями об анатомо-физиологических особенностях их репродуктивной системы, а наполовину – программами поведения, связанными с заботой о детенышах и с поиском подходящего самца (несомненно, самки гораздо в меньшей мере посвящают себя поиску самцов, хотя у людей все несколько иначе). Именно поэтому X-хромосома у млекопитающих, на которой записаны женские половые признаки организма, больше суммарно по длине, нежели Y-хромосома самцов – мужская.

А теперь перейдем непосредственно к рассмотрению особенностей наследования половых признаков у млекопитающих.

Вы никогда не задумывались над тем, почему для того, чтобы организм млекопитающего развивался по женскому типу, требуются две X-хромосомы? В то время как развитие организма млекопитающего по мужскому типу происходит при наличии в зиготе всего одной Y-хромосомы, при том, что соседняя половая хромосома – не Y, а X (т.е. женская)? Вам это ни о чем не говорит?

Мне это указывает на то, что X-хромосома представляет из себя набор рецессивных генов, кодирующих половые признаки, а Y-хромосома - набор доминантных генов. Т.е. X-хромосома – рецессивная, а Y-хромосома – доминантная. Только в том случае, если обе половые хромосомы – X, проявится кодируемый ими рецессивный план развития организма млекопитающего - по женскому типу. Если же из двух половых хромосом одна – X, а другая – Y, то развитие пойдет по мужскому типу. И это указывает на то, что Y-хромосома доминирует над X-хромосомой.

Наследование половых признаков у млекопитающих напоминает ситуацию с рецессивными и доминантными генами, отвечающими за содержание меланина. Как вы помните, мы для того и обратились к вопросу наследования половых признаков, чтобы доказать, что рецессивные признаки (а также кодирующие их гены) более древние, в то время как доминантные – более молодые.

Полагаю, вы не станете спорить с тем, что женские признаки организма старше, чем мужские. Самки отличаются от самцов способностью к воспроизведению себе подобных. Например, даже у млекопитающих наблюдаются случаи партеногенеза, когда детеныш развивается из неоплодотворенной яйцеклетки. У более древних в эволюционном отношении классов животных такие ситуации возникают гораздо чаще.

Надеюсь, вы признаете факт, что способность воспроизводить себе подобных зародилась раньше, нежели появилась способность избавляться от процесса деторождения, перепоручая его тому ответвлению вида, которое на это способно, т.е. самкам. Все это указывает на то, что женская половая хромосома появилась в истории жизни на Земле раньше, чем мужская половая хромосома.

Однако не у всех классов животных женская половая хромосома должна иметь форму X. Форма X вообще присуща тем хромосомам, которые имеют наибольшую длину. Возьмем, к примеру, птиц. Женская половая хромосома у птиц Y, а не X, в отличие от млекопитающих. А мужская половая хромосома – X, а не Y. Но Y-хромосома птиц – это именно женская хромосома, она вовсе не аналогична мужской Y-хромосоме млекопитающих. Пусть вас не смущает схожая форма. То же самое можно сказать относительно X-хромосомы птиц и X-хромосомы млекопитающих. X-хромосома птиц – мужская, а X-хромосома млекопитающих – женская.

Мужскую X-хромосому птиц называют еще иначе Z-хромосомой, а женскую Y-хромосому – W-хромосомой. «…W- половая хромосома самки в 10 раз меньше Z- половой хромосомы самца».

«…W хромосома схожа на Y хромосому млекопитающих; маленького размера, содержит мало активных генов и много повторяющейся ДНК».

(«Каковы перспективы управления половым соотношением у птиц?» Тагиров М. Т. Институт птицеводства УААН).

Почему же получилось так, что у птиц мужская хромосома оказалась длиннее женской хромосомы? Как уже говорилось, чем длиннее хромосома, тем больше информации она содержит. Но ведь репродуктивная система у самок птиц несравнимо сложнее, чем у самцов. Какая информация насыщает мужскую хромосому птиц, из-за чего она стала такой длинной? Чтобы понять это, следует вспомнить особенности полового поведения птиц. Самцы птиц участвуют в процессе насиживания яиц и выкармливания птенцов наравне с самками. И помимо этого, самцы птиц обычно берут на себя заботы по завоеванию и охране места для гнездования. Самцы многих видов птиц самостоятельно готовят гнезда. А также у них сложные программы поведения соперничества за самку, или привлечения их внимания – взять, к примеру, пение птиц. Что касается самок птиц, то они, во-первых, как все самки не столь обеспокоены поиском самца, по сравнению с тем, как самцы нуждаются в самках. А во-вторых, в вопросе завоевания территории для гнезда и ее охране полагаются на самцов. Т.е. самки птиц в процессе эволюции утратили способность, во-первых подыскивать и охранять территорию, где будут выведены птенцы, а, во-вторых, они перестали заботиться о том, чтобы привлекать к себе самцов. Именно поэтому у птиц женская Y(W)-хромосома короче X(Z)-хромосомы. И, кроме того, способность перекладывать заботу о завоевании территории и создании пары «на плечи» самцов появилась в эволюционном отношении позже программ поведения, направленных на захват территории и поиск партнера, которые остались у самцов птиц. Таким образом, доминантная хромосома, в которой «урезан» ряд программ полового поведения оказалась женской, а рецессивная, в которой эти программы сохранились – мужской.

Подведем итог и сделаем вывод. *Какой-либо признак организма, появившийся в ходе эволюции раньше, будет рецессивным. Любое изменение этого признака, появившееся позже него, будет по отношению к нему доминантным.*

04. СВЕТЛАЯ И ТЕМНАЯ КОЖА

Всем известно, что люди, проживающие в разных климатических областях, обладают разным цветом кожи. Различные цвета человеческой кожи, также как и разный цвет волос и роговицы, обусловлены разным процентным содержанием в клетках-меланоцитах особого вещества – меланина. *Меланин* имеет темно-коричневый, почти черный цвет. Как мы уже разбирали, химические элементы темноокрашенных веществ имеют меньшие по величине Поля Притяжения по сравнению со светлоокрашенными элементами того же цвета, что не способствует накоплению элементами такого вещества свободных частиц. Элементы светлоокрашенных веществ, напротив, хорошо накапливают свободные частицы. Накопление частиц с Полями Отталкивания ведет к нагреванию элементов.

Накапливающиеся элементами сводные частицы организм использует:

1) для нагрева элементов тела; 2) в химических реакциях – для разрушения химических связей, где это необходимо; 3) для проведения нервных импульсов (*нервный импульс* – это и есть свободные частицы, «свет»). Итак, свободные частицы разного качества – это основной участник и исполнитель всех реакций и процессов, протекающих в организме.

Меланоциты расположены не только среди клеток кожи и в роговице, но также и в оболочках внутренних органов. Вот и выходит, что меланин в коже и в оболочках внутренних органов создает своего рода «экран», который не позволяет светлоокрашенным элементам внутри организма накапливать свободные частицы. В то время как светлая кожа, волосы, роговица и оболочки внутренних органов – т.е. содержащие мало меланина – в большей степени способствуют накоплению свободных частиц (и в том числе, оптических фотонов) в химических элементах организма.

Вот и выходит, что низкое содержание меланина в покровных тканях представляет собой приспособление организма к климатическим условиям, характеризующимся недостаточным поступлением солнечного излучения – т.е. к холодному климату. В то время, как повышенное содержание меланина представляет собой вариант приспособленности организмов к прямо противоположным климатическим условиям – к условиям избыточного поступления солнечного излучения – т.е. к жаркому климату.

05. ЦВЕТ ПИГМЕНТОВ ВОДОРОСЛЕЙ И ФОТОСИНТЕЗ.
ПОЧЕМУ ЛУЧИ СИНЕЙ ЧАСТИ СПЕКТРА ДОСТИГАЮТ БОЛЬШИХ ГЛУБИН, НЕЖЕЛИ КРАСНОЙ?

Из альгологии, раздела ботаники, посвященному всему, что касается водорослей, мы можем узнать, что водоросли разных отделов способны обитать на разных глубинах водоемов. Так, зеленые водоросли встречаются обычно на глубине в несколько метров. Бурые водоросли могут жить на глубинах до 200 метров. Красные водоросли - до 268 метров.

Там же, в книгах и учебниках по альгологии, вы найдете объяснение этим фактам, устанавливающее взаимосвязь между цветом пигментов в составе клеток водорослей и предельной глубиной обитания. Объяснение примерно следующее.

Спектральные компоненты солнечного света пронизывают воду на разную глубину. Красные лучи проникают лишь в верхние слои, а синие — значительно глубже. Для функционирования хлорофилла необходим красный свет. Именно поэтому зеленые водоросли не могут жить на больших глубинах. В составе клеток бурых водорослей присутствует пигмент, позволяющий осуществлять фотосинтез при желто-зеленом свете. И потому порог обитания этого отдела достигает 200 м. Что касается красных водорослей, то пигмент в их составе использует зеленый и синий цвета, что и позволяет им жить глубже всех.

Но соответствует ли данное объяснение действительности? Давайте попробуем разобраться.

В клетках водорослей отдела Зеленых преобладает пигмент *хлорофилл*. Именно поэтому данный тип водорослей окрашен в различные оттенки зеленого.

В красных водорослях очень много пигмента *фикоэритрина*, характеризующегося красным цветом. Этот пигмент и придает данному отделу этих растений соответствующий цвет.

В бурых водорослях присутствует пигмент *фукоксантин* – бурого цвета.

То же самое можно сказать о водорослях других цветов – желто-зеленых, сине-зеленых. В каждом случае цвет определяется каким-то пигментом или их сочетанием.

Теперь о том, что такое пигменты и для чего они нужны клетке.

Пигменты требуются для фотосинтеза. Фотосинтез – это процесс разложения воды и углекислого газа с последующим построением из водорода, углерода и кислорода всевозможных видов органических соединений. Пигменты накапливают солнечную энергию (фотоны солнечного происхождения). Эти фотоны как раз используются для разложения воды и углекислого газа. Сообщение этой энергии – это своего рода точечный нагрев мест соединения элементов в молекулах.

Пигменты накапливают все виды солнечных фотонов, которые достигают Земли и проходят сквозь атмосферу. Ошибкой было бы считать, что пигменты «работают» только с фотонами видимого спектра. Они накапливают также инфракрасные и радио фотоны. Когда световые лучи не заслоняются на своем пути различными плотными и жидкими телами, большее число фотонов в составе этих лучей достигает обогреваемое тело, в данном случае водоросль. Фотоны (энергия) нужны для точечного разогрева. Чем больше глубина водоема, тем меньше энергии достигает, тем больше фотонов поглощается на пути.

Пигменты разного цвета способны задерживать – аккумулировать на себе – разное количество фотонов, приходящих со световыми лучами. И не только приходящих с лучами, но и движущихся диффузно – от атома к атому, от молекулы к молекуле – вниз, под действием притяжения планеты. Фотоны видимого диапазона выступают только в качестве своего рода «маркеров». Эти видимые фотоны указывают нам цвет пигмента. И одновременно сообщают этим особенности Силового Поля этого пигмента. Цвет пигмента нам об этом и «говорит». Т.е. Поле

Притяжения преобладает или Поле Отталкивания, и какова величина того или другого. Вот и выходит, в соответствии с этой теорией, что пигменты красного цвета должны иметь наибольшее по величине Поле Притяжения – иначе говоря, наибольшую относительную массу. А все потому, что фотоны красного цвета, как обладающие Полями Отталкивания, сложнее всего удержать в составе элемента – притяжением. Красный цвет вещества как раз нам и указывает на то, что фотоны такого цвета в достаточном количестве накапливаются на поверхности его элементов – не говоря о фотонах всех остальных цветов. Такой способностью – удерживать больше энергии на поверхности – как раз и обладает названный ранее пигмент фикоэритрин.

Что касается пигментов других цветов, то качественно-количественный состав аккумулируемого ими на поверхности солнечного излучения будет несколько иным, нежели у пигментов красного цвета. К примеру, хлорофилл, обладающий зеленой окраской, будет накапливать в своем составе меньше солнечной энергии, чем фикоэритрин. На этот факт нам как раз и указывает его зеленый цвет. Зеленый – комплексный. Он складывается из самых «тяжелых» желтых видимых фотонов и самых «легких» синих. В ходе своего инерционного движения те и другие оказываются в равны условиях. Величина их Силы Инерции равная. И потому они совершенно одинаково подчиняются в ходе своего движения одним и тем же объектам с Полями Притяжения, воздействующим на них своим притяжением. Это означает, что в фотонах синего и желтого цвета, формирующим вкупе зеленый, возникает по отношению к одному и тому же химическому элементу одна и та же по величине Сила Притяжения.

Здесь следует отвлечься и пояснить один важный момент.

Цвет веществ в том виде, в каком он нам знаком по окружающему миру – т.е. как испускание видимых фотонов в ответ на падение (не только видимых фотонов, и не только фотонов, но и других типов элементарных частиц) – явление достаточно уникальное. Оно возможно лишь благодаря тому, что в составе небесного тела, обогреваемого более крупным небесным телом (породившим его), происходит постоянное течение всех этих свободных частиц от периферии к центру. К примеру, наше Солнце испускает частицы. Они достигают атмосферы Земли и движутся вниз – прямыми лучами или диффузно (от элемента к элементу). Диффузно распространяющиеся частицы ученые именуют «электричеством». Все это было сказано для того, чтобы пояснить, почему фотоны разных цветов – синие и желтые обладают одинаковой Силой Инерции. Но Силой Инерции могут обладать лишь движущиеся фотоны. *А это означает, что в каждый момент времени по поверхности любого химического элемента в составе освещаемого небесного тела движутся свободные частицы. Они проходят транзитом – от периферии небесного тела к его центру. Т.е. состав поверхностных слоев любого химического элемента постоянно обновляется.*

Сказанное совершенно справедливо для фотонов двух других комплексных цветов – фиолетового и оранжевого.

И это еще не все объяснение.

Любой химический элемент устроен точно по образу любого небесного тела. В этом и заключается истинный смысл «планетарной модели атома», а вовсе не в том, что электроны летают по орбитам как планеты вокруг Солнца. Никакие электроны в элементах не летают! Любой химический элемент – это совокупность слоев элементарных частиц – простейших (неделимых) и комплексных. Также как любое небесное тело – это последовательность слоев химических элементов. Т.е. комплексные (нестабильные) элементарные частицы в химических элементах выполняют ту же функцию, что и химические элементы в составе небесных тел. И точно также как в составе небесного тела более тяжелые элементы располагаются ближе к центру, а более легкие – ближе к периферии, Так же и в любом химическом элементе. Ближе к периферии располагаются более тяжелые элементарные частицы. А ближе центру – более тяжелые. Это же правило распространяется на частицы, транзитно проходящие по поверхности элементов. Более тяжелые, чья Сила Инерции меньше, ныряют глубже к центру. А те, что легче и чья Сила Инерции больше, образуют более поверхностные текучие слои. Это означает, что если химический элемент красного цвета, то его верхний слой из фотонов видимого диапазона образован красными фотонами. А под этим слоем располагаются фотоны всех остальных пяти цветов – по нисходящей – оранжевый, желтый, зеленый, синий и фиолетовый.

Если же цвет химического элемента зеленый, то это означает, что верхний слой его видимых фотонов представлен фотонами, дающими зеленый цвет. А вот слоев желтого, оранжевого и красного цветов у него нет или практически нет.

Повторим – *более тяжелые химические элементы обладают способностью удерживать более легкие элементарные частицы – красного цвета, например.*

Таким образом, не совсем корректно говорить, что для фотосинтеза одних водорослей нужна одна цветовая гамма, а для фотосинтеза других – другая. Точнее сказать, взаимосвязь между цветом пигментов и предельной глубиной обитания прослежена верно. Однако объяснение верно не до конца. Энергия, требующаяся водорослям для фотосинтеза, состоит не только из видимых фотонов. Не следует забывать про ИК и радио фотоны, а также УФ. Все эти виды частиц (фотонов) требуются и используются растениями при фотосинтезе. А вовсе не так – хлорофиллу нужные преимущественно красные видимые фотоны, фукоксантину – желтые и образующие зеленый цвет, а фикоэритрину – синие и зеленые. Вовсе нет.

Ученые совершенно верно установили факт, что световые лучи синего и зеленого цветов способны достигать в большем количественном составе больших глубин, нежели желтые лучи, и тем более – красные. Причина все та же – разная по величине Сила Инерции фотонов.

Среди частиц Физического Плана, как известно, в состоянии покоя только у красных есть Поле Отталкивания. У желтых и синих вне состояния движения – Поле Притяжения. Поэтому инерционное движение только у красных может длиться бесконечно. Желтые и синие с течением времени останавливаются. И чем меньше Сила Инерции, тем быстрее произойдет остановка. Т. е. световой поток желтого цвета тормозится медленнее зеленого, а зеленый – не так быстро, как синего. Однако, как известно, в естественных условиях монохроматического света не бывает. В световом луче смешаны частицы разного качества – разных подуровней Физического Плана и различных цветов. И в таком смешанном световом луче частицы Ян поддерживают инерционное движение частиц Инь. А частицы Инь, соответственно, тормозят Ян. Большой процент частиц какого-то одного качества несомненно сказывается на общей скорости светового потока и на средней величине Силы Инерции.

Фотоны проникают в толщу воды, двигаясь либо диффузно, либо прямолинейно. Диффузное движение - это движение под действием Сил Притяжения химически элементов, в среде которых происходит движение. Т.е. фотоны передаются от элемента к элементу, но при этом общее направление их перемещения остается все тем же – в сторону центра небесного тела. При этом сохраняется инерционный компонент их движения. Однако траектория их движения постоянно контролируется окружающими элементами. Вся совокупность движущихся фотонов (солнечных) образует своего рода газовые атмосферы химических элементов – как у небесных тел – планет. Для того чтобы понять, что представляют из себя химические элементы, вы должны чаще обращаться к книгам по астрономии. Поскольку аналогия между небесными телами и элементами полнейшая. Фотоны скользят в этих «газовых оболочках», постоянно сталкиваясь друг с другом, притягиваясь и отталкиваясь – т.е. ведут себя в точности как газы атмосферы Земли.

Таким образом, фотоны движутся вследствие действия в них двух Сил – Инерции и Притяжения (к центру небесного тела и к элементам, в среде которых они движутся). В каждый момент времени движения любого фотона, чтобы узнать направление и величину суммарной силы, следует пользоваться Правилом Параллелограмма.

Фотоны красного цвета слабо поглощаются средой, в которой движутся. Причина – их Поля Отталкивания в состоянии покоя. Из-за этого у них велика Сила Инерции. Стакиваясь с химическими элементами, они с большей вероятностью отскакивают, нежели притягиваются. *Именно поэтому меньшее число красных фотонов проникает в водную толщу по сравнению с фотонами других цветов. Они отражаются.*

Фотоны синего цвета, напротив, способны проникать глубже фотонов других цветов. Их Сила Инерции наименьшая. При столкновении с химическими элементами они тормозятся – их Сила Инерции уменьшается. Они тормозятся и притягиваются элементами – поглощаются. *Именно это – поглощение вместо отражения – позволяет большему числу синих фотонов проникать вглубь водной толщи.*

Сделаем вывод.

В альгологии неверно используется для объяснения зависимости между цветом пигментов и глубиной обитания верно подмеченный факт – разная способность проникать в водную толщу фотонов разного цвета.

Что касается цветов, то *вещества, окрашенные в красный, обладают большей массой (притягивают сильнее), нежели вещества, окрашенные в любой другой цвет. Вещества, окрашенные в фиолетовый, обладают наименьшей массой (наименьшим притяжением).*

06. ФУНКЦИЯ ВОЛОСЯНОГО ПОКРОВА

Волос – это удивительное приспособительное образование, один из отличительных признаков Млекопитающих (к которым относится и человек).

Для того, чтобы выяснить, какую функцию выполняют волосы, следует выяснить, в какую эпоху зародились млекопитающие, чей кожный покров имел волосяное покрытие.

В разделе, посвященном астрономии и геологии, мы уже говорили о причине вымирания к концу мелового периода многих групп животных - полного вымирания динозавров, частичного – двустворчатых моллюсков, морских ежей и плеченогих, и еще ряда других групп. Их вымирание связано с зарождением во флоре Земли в начале мелового периода покрытосеменных растений – венца растительного царства. Цветковые растения не просто зародились, они расселились по всей поверхности суши. Это стало причиной резкого уменьшения в атмосфере процента углекислого газа (и соответствующего подъема уровня кислорода). Углекислый газ, благодаря углероду, входящему в его состав, обладает способностью накапливать (поглощать) солнечные частицы, среди которых преобладают частицы с Полями Отталкивания, и таким путем нагревать атмосферу. Уменьшение в атмосфере процента углекислого газа стало причиной охлаждения атмосферы, и, соответственно, похолодания климата на Земле. Постепенное понижение температуры атмосферы началось вместе с расселением покрытосеменных по поверхности суши. И уже к середине мелового периода все животные, которые были адаптированы к более теплому климату, стали постепенно исчезать с лица Земли. И в первую очередь это относится к хладнокровным животным, трехкамерное сердце которых заставляет смешиваться артериальную кровь (содержащую горячий кислород) с венозной (содержащей охлажденный кислород). Динозавры и другие животные с трехкамерным сердцем вымерли, потому что стали уязвимы для хищников в холодное время суток (ночью), в холодное время года (зимой) и в холодную погоду. Численность таких животных неуклонно сокращалась — так происходило вымирание.

Что касается млекопитающих, предполагаю, что они первоначально зародились ближе всего к полюсам по сравнению с остальными группами животных. Их можно рассматривать как особую группу животных, лучше других приспособленную к активному образу жизни в холодных условиях. На полюсах климат всегда был холоднее по сравнению с другими областями поверхности Земли, даже в жаркие эпохи, предшествовавшие расцвету покрытосеменных. Четырехкамерное сердце млекопитающих позволяло их организму во время каждого сердечного сокращения омываться чисто артериальной кровью, содержащей высокий процент горячего кислорода. Это позволяло млекопитающим не замерзать в холодное время года, суток и в холодную погоду, а также в холодных областях планеты. Поэтому можно предположить, что млекопитающие царствовали в приполярных областях и в эпоху динозавров. Когда же с начала мелового периода началось расселение покрытосеменных, сопровождающееся постепенным похолоданием атмосферы, млекопитающим был дан шанс и они им, конечно, воспользовались. Постепенно хищные млекопитающие, в буквальном смысле, съели всех динозавров (и другие группы неприспособленных «трехкамерных» животных).

Но вернемся к тому, с чего начали данный пункт – к волосяному покрову млекопитающих. Волосы – это еще один механизм, который подобно четырехкамерному сердцу, позволяет млекопитающим повышать температуру тела. Горячий кислород, циркулирующий в артериальной крови, это основной механизм, позволяющий поддерживать круглосуточно и круглогодично температуру тела приблизительно на постоянном уровне. Волос состоит из веществ, синтезируемых эпителиальными клетками волосяного фолликула. И химический состав веществ волоса в целом повторяет средний химический состав всего организма – углерод, водород, кислород, азот и сера. Все эти элементы в различной мере способны накапливать солнечные элементарные частицы, среди которых преобладают частицы с Полем Отталкивания, которые являются источниками эфира и таки способом повышают температуру частиц, с которыми контактируют. Элементы на всей поверхности волоса накапливают солнечные частицы. Если бы не было волос, то аккумуляция солнечных частиц осуществлялась бы только поверхностью кожи. Наличие на коже волос значительно увеличивает поверхность тела, осуществляющую накопление солнечных частиц. С волоса накопленные им солнечные частицы поступают в клетки организма, двигаясь от элемента к элемента как по проводнику тока (солнечные частицы – это и есть электрический ток). В наилучшей мере функции проводников выполняют элементы металлов, расположенные как вдоль клеточной мембраны, так и в цитоплазме. Однако сама вода является проводником, так как водород – это самый легкий из существующих металлов. Солнечные частицы с Полями Отталкивания, поступая в клетки организма, нагревают его таким образом.

Трудно переоценить значение данного приспособительного механизма в холодное время года, холодное время суток, в холодную погоду или в холодном климате. Волосяной покров (мех) буквальным образом спасает млекопитающих, попавших в холодные условия, от переохлаждения. Данный механизм помогает беречь от чрезмерного изнашивания сердечную мышцу. Ведь для того, чтобы обогревать организм в холодных условиях сила и частота сердечных сокращений должна возрастать, а это ведет к усталости сердца.

Млекопитающие способны ставить свои волосы «дыбом» - т.е. приводить их из горизонтального положения в вертикальное. При этом волоски отделяются друг от друга. Это увеличивает площадь их контакта с окружающим воздухом. Именно элементы воздуха передают солнечные частицы элементам волосков. А солнечные частицы спускаются из верхних слоев атмосферы в нижние, переходя от элемента к элементу. Поэтому, когда волоски топорщатся, и возрастает площадь их соприкосновения с воздухом, каждый волосок получает от элементов воздуха больше солнечных частиц с Полем Отталкивания, и соответственно, способствуют большему нагреву организма.

Помимо того, что волосяной покров позволяет накапливать солнечные частицы с Полями Отталкивания, согревающие организм, он помогает удерживать вблизи поверхности тела уже нагретый воздух, что уменьшает охлаждение кожи холодным окружающим воздухом.

У жителей африканского континента, всю жизнь проводящих под палящими лучами экваториального Солнца в зените (или близкого к зениту в дневное время), волосы на голове выполняют совсем иную функцию. Они тоже защищают. Но не от холода…а от жары. От прямых солнечных лучей. У негроидной расы все тело само по себе имеет очень малое оволосенение. Зато на голове растут жесткие курчавые волосы. Конечно, волосы, и в этом случае накапливают солнечные частицы. Однако эта курчавая прослойка на голове создает защитный экран. Причем защищают от падающих фотонов не сами волосы, а воздух, удерживаемый слоем волос. Кольцевидная форма вкупе с жесткостью позволяет волосам в целом занимать вертикальное положение. Эти же колечки создают лабиринты, в которых воздух циркулирует, но не покидает волосяную шапку (точнее, покидает, но не так быстро) – не забывайте о том, что волосы обладают способностью притягивать частицы (фотоны) и химические элементы, как у любого плотного тела, эта способность у них выражена очень хорошо. Воздух обладает отличной отражающей способностью, особенно нагретый. Этот воздушный слой в волосах не дает фотонам падать непосредственно на голову. Так что, волосы у негров выполняют, своего рода, роль «ватного халата», который носят представители ряда тюркских народов – призваны не согревать, а не давать обжигать.

07. ХИМИЧЕСКИЕ ЭЛЕМЕНТЫ В ДНК КЛЕТОЧНЫХ ЯДЕР - НОСИТЕЛИ ЧАСТИЦ АСТРАЛЬНОГО ПЛАНА

Химический элемент – это конгломерат частиц разного качества. В зависимости от того, в тело представителя какого царства входит в состав химический элемент, он имеет тот или иной качественно-количественный состав частиц. Минеральные химические элементы лежат в основе тела представителя любого царства. Эти химические элементы образовались в результате объединения элементарных частиц Физического Плана.

Соединения химических элементов минерального царства можно рассматривать в виде самых простейших «организмов» - организованных систем. И они представляют собой живые существа, хотя и лишенные привычных атрибутов «жизненности» более высокоразвитых существ – растений, животных и людей. Любые элементарные частицы – это центры «сознания», память того или иного Плана.

Химические элементы, образующие ДНК ядра любой живой клетки, отличаются от элементов в составе минералов наличием на их периферии астральных элементарных частиц, которые иерархически и постепенно присоединяются к ДНК клеток в ходе эволюционирования растительного царства.

Химические элементы ДНК клеточных ядер не спроста «выбраны» в качестве «носителей» астральных частиц. Причина в следующем. Все химические соединения клеточных структур подвергаются разрушительному (ионизирующему) воздействию потоков различных видов элементарных частиц (электромагнитных волн), поступающих из окружающей тело среды (их основной источник – Солнце). Ядро имеет дополнительную клеточную мембрану – ядерную оболочку. Благодаря этой оболочке химические элементы ДНК ядра имеют дополнительную защиту от различных видов электромагнитных излучений, поступающих извне. И поэтому ДНК можно рассматривать в качестве самого стабильного химического соединения из всех, что существуют в клетке. ДНК не является питательным органическим соединением, которые постоянно приносятся в жертву, как это происходит, например, с углеводами и жирами. Можно утверждать, что цель ДНК – это неизменность состава и строения. Облучение организма излучениями с мощным ионизирующим эффектом, а также истончение клеточной и ядерной оболочек может привести к частичному или полному разрушению ДНК, а также к потере астральных частиц. Потеря астральных частиц происходит из-за повышения температуры химических элементов ДНК. Повышение температуры химических элементов – это накопление ими в составе их поверхностных слоев свободных частиц, что приводит к экранированию ядра, что в свою очередь уменьшает величину гравитационного поля элемента и повышает величину антигравитационного поля – т.е. это уменьшение массы элемента. Астральные частицы удерживаются за счет гравитационного поля химического элемента. И если его величина уменьшается, то астральные частицы могут быть потеряны – т. е. могут совсем отдалиться от элементов ДНК ядер. Астральные частицы являются для каждой клетки (за исключением нервных) руководящим принципом, поэтому потеря клеткой астрального тела равнозначна ее гибели.

08. БАЗОВЫЙ УРОВЕНЬ
ЭНЕРГООБЕСПЕЧЕНИЯ ОРГАНИЗМА

Одной из основных причин сходства и различия характеров является сходство и различие метаболических процессов в живых организмах, а точнее – в разном *базовом уровне энергообеспечения*. Базовый уровень энергообеспечения зависит от соотношения уровня активности симпатической и парасимпатической ВНС. Каким будет при жизни базовый уровень энергообеспечения человека, зависит главным образом, от его ДНК. Но немаловажную роль играют и условия жизни человека. Если, например, человеку приходится выполнять много физической работы или просто много двигаться, его симпатическая ВНС получает дополнительное развитие. Или, наоборот, если человек недостаточно физически активен, уровень активности симпатической ВНС тормозится, а парасимпатической усиливается.

Для того чтобы безопасно для организма изменять баланс обоих отделов ВНС, необходимо делать это постепенно и начинать с раннего возраста. Баланс отделов ВНС, «заложенный» в ДНК, имеет первостепенное значение. От этого зависит уровень обмена веществ организма и телосложение человека. Существенно изменить ДНК невозможно, однако, небольшой процент изменений происходит в жизни любого человека. Человек с рождения тяготеет к определенному образу жизни и к определенной среде обитания (условиям существования). Однако изменения условий жизни приводит к некоторым изменениям баланса обоих отделов ВНС, заложенных в ДНК. Чрезмерное отклонение баланса от того, что записан в ДНК, может к привести к болезни и даже к гибели человека. Именно поэтому человек лучше всего чувствует себя в тех условиях окружающей среды, в которых родился и вырос.

Человечество, несомненно, зародилось в животном царстве. И предками людей, безусловно, были обезьяны, так как сходство строения организма «налицо». Мускулатура обезьян-самцов больше мускулатуры обезьян-самок, также как мышечная масса мужчин больше мышечной массы женщин. Это связано с необходимостью самцов (и мужчин) отстаивать свое первенство в борьбе за возможность продолжить род. Активизацию мышц (мышечное напряжение) вызывает поступающий в организм в ходе дыхания кислород, отдающий организму энергию. Необходимость в большей двигательной активности у мужчин ведет к активизации симпатического отдела ВНС. В результате бронхи расширяются, что увеличивает насыщаемость артериальной крови кислородом. Кровь мужчин в большей степени насыщена кислородом, чем кровь женщин. Это является причиной того, что базовый энергетический уровень у мужчин выше, чем у женщин. В результате уровень процессов распада у мужчин выше, чем у женщин. Иначе можно сказать, что сдвиг кислотно-щелочного равновесия сдвинут в кислую сторону. Агрегатное состояние химических элементов органов, омываемых артериальной кровью, становится более разреженным (тонким). Такое разреженное состояние внутренней среды клеток носит название «отрицательный электрический заряд». Знак «-» в физике символизирует Силы Отталкивания. Отрицательный электрический заряд внутри клеток – это преобладание Сил Отталкивания, «разреженная атмосфера». Такая среда клеток благоприятна для присоединения частиц астрального Плана. Они присоединяются к элементам ДНК.

09. СИМПАТИЧЕСКАЯ И ПАРАСИМПАТИЧЕСКАЯ ВНС

Начнем с рассмотрения истинной роли симпатического и парасимпатического отделов вегетативной нервной системы.

Основное, чем занимаются эти два отдела Вегетативной Нервной Системы – контроль и регуляция энергообеспечения организма. Они постоянно «отслеживают» уровень кислорода в крови и изменяют его в зависимости от нужд организма. Кислород является источником «энергии» для организма. «Энергия» в данном случае – это фотоны инфракрасного, «видимого» и радио диапазонов. Процесс «слива» кислородом «энергии» происходит в эритроцитах. Химические элементы железа гемоглобина являются инициаторами перехода свободных фотонов с поверхности химических элементов кислорода. Эти фотоны по цепи дыхательных ферментов передаются на АТФ. В результате поступления фотонов, происходит распад молекулы АТФ. А точнее, последовательное отщепление фосфатных остатков. При этом сначала образуется АДФ, а затем АМФ. Этот процесс следует называть окислением АТФ. Фотоны, оседающие на поверхности химических элементов фосфатных остатков АТФ – это и есть та самая «энергия», которую организм запасает, а затем расходует для осуществления процессов катаболизма. В ходе расходования «энергии», запасенной в фосфатных остатках, происходит обратный процесс - восстановление АМФ сначала до АДФ, а затем до АТФ. Итак, аденозинфосфорные кислоты действительно являются основными аккумуляторными батареями организма, однако механизм запасания «энергии» прямо противоположен тому, что описан в учебниках по биологии.

Активные нейроны симпатического отдела ВНС:

1)увеличивают частоту дыхания;

2)увеличивают глубину дыхания;

3)увеличивают частоту сердечных сокращений;

4)увеличивают силу сердечных сокращений.

Все это позволяет увеличить содержание в крови кислорода, связанного с гемоглобином эритроцитов. Следует заметить, что не весь кислород, «усвоенный» кровью за время одного акта дыхания, успевает за один круг кровообращения отдать фотоны и соединиться с углеродом, образовав углекислый газ. В крови присутствует и свободный кислород, однако «энергию» он может отдать только в эритроцитах, соединившись с гемоглобином. Поэтому количество «энергии», которое кислород может отдать организму, зависит как от объема кислорода, поступившего в кровь за время одного акта дыхания, так и от процентного содержания гемоглобина в крови. Без кислорода в крови не произойдет насыщение гемоглобина. А без гемоглобина кислород не сможет отдать организму «энергию».

Помимо этого, различные виды фотонов, отдаваемые кислородом, не равноценны в качестве факторов, повышающих температуру химических элементов. Напомню, что «повышение температуры» химического элемента следует связывать с увеличением суммарной величины Силы Отталкивания и уменьшением суммарной величины Силы Притяжения за счет накопления на поверхности элементов легких элементарных частиц. Обычно повышение температуры всех физических тел на поверхности планет связано с интеграцией эфирных элементарных частиц – фотонов разной плотности и разного цвета. Говоря о плотности фотонов, главным образом мы имеем в виду «видимый», инфракрасный и ультрафиолетовый диапазоны. Ультрафиолетовый – в наименьшей степени.

Вернемся к теме качества «энергии» и «повышения температуры». Лучше всего «повышают температуру» красные фотоны. В первую очередь в эритроцитах кислород отдает инфракрасные фотоны. Затем красные «видимые». И происходит это в артериальной крови, т.е. в той, которая только что вышла из легких и сердца. Поэтому именно артериальная кровь богата теми видами фотонов («энергии»), которые лучше всего «повышают температуру». Иначе говоря, артериальная кровь более горячая.

Вернемся к рассмотрению функциональной роли отделов вегетативной нервной системы.

Когда симпатический отдел ВНС увеличивает частоту сердечных сокращений, весь объем крови чаще пропускается через легочную систему. А значит, возрастает насыщение крови «свежим» кислородом, у которого еще не «отобрана» «энергия». В результате возрастает количество красных «видимых» фотонов, поступающих в организм. Температура химических элементов организма начинает быстро и значительно повышаться. Здесь следует заметить, что именно влияние симпатического отдела ВНС вызывает повышение температуры во время болезни. Высокая температура химических элементов сопровождается усилением процессов катаболизма в организме. В ходе катаболических процессов распадаются молекулы органических веществ в клетках (главным образом, глюкозы), которые служат питательной средой для вторгшихся и размножающихся бактерий. Недостаток питательных веществ тормозит дальнейший рост и размножение бактерий. В результате болезнь прекращается. Но существует множество видов микроорганизмов, способных потреблять не только углеводы клетки, но и белковые структуры – каркас организма. Против таких возбудителей организм оказывается бессилен. Сверхвысокая температура (до 41-42 градусов) истощает питательные ресурсы организма. Но так как данные возбудители питаются белками, отсутствие углеводно-жировой питательной среды на них мало сказывается. Без применения антибиотиков организм погибает.

Увеличение частоты дыхания приводит к тому, что воздух в легких чаще обновляется и в результате в нем постоянно поддерживается высокое процентное содержание кислорода.

Ни симпатический, ни парасимпатический отделы ВНС сами непосредственно не влияют на работу таких систем органов как ЦНС, пищеварительная, мочевыделительная, репродуктивная (половая), двигательная. Их влияние косвенное: увеличивая или уменьшая запасы «энергии» в организме, они, соответственно, активизируют или тормозят работу всех этих систем. Непосредственно они влияют лишь на дыхательную и сердечную системы. Интересно, что повышение или уменьшение уровня «энергии» в организме оказывает стимулирующее или тормозящее влияние на работу этих систем, независимо от влияния самих симпатического и парасимпатического отделов ВНС. В итоге, зачастую, перевозбудившись под влиянием активности симпатической ВНС, человек никак не может успокоиться, так как чрезмерно активизирован обмен веществ самих сердечной и дыхательной систем. И парасимпатический отдел никак не может затормозить работу этих систем. И, наоборот, начав «отдыхать», «заленившись», человек никак не может «проснуться», включиться в активную жизнедеятельность. Парасимпатическая система снижает уровень «энергии» в организме, снижая активность дыхательной и сердечной систем. Однако снижение уровня процессов катаболизма и повышение уровня процессов анаболизма снижает уровень обмена веществ в самих дыхательной и сердечной системах, тормозя их работу. В таких случаях требуется длительная или интенсивная стимуляция со стороны симпатического отдела, для того, чтобы преодолеть эту метаболическую инертность.

Возбужденные нейроны парасимпатического отдела ВНС:

1) уменьшают частоту дыхания;
2) уменьшают глубину дыхания;
3) уменьшают частоту сердечных сокращений;
4) уменьшают силу сердечных сокращений.

Все это позволяет уменьшить содержание в крови кислорода, и следовательно, уровень запасов «энергии» в организме.

Кислород приносит в организм дозированные порции «света».

Таким образом, отделы ВНС оказывают на организм противоположное действие. Симпатический отдел усиливает процессы распада (катаболизма) в организме за счет уменьшения массы (путем повышения температуры элементов). Возрастающая Сила Отталкивания и уменьшающаяся Сила Притяжения помогает организму отрываться от земли во время бега и прыжков. Эту систему самосохранения можно назвать - «*борьба и бегство*».

Парасимпатическая ВНС усиливает процессы синтеза (анаболизма) за счет увеличения массы (путем понижения температуры элементов). Возрастающая Сила притяжения и уменьшающаяся Сила отталкивания мешает организму легко отрываться от земли. Эту систему самосохранения можно назвать – «*замереть и притвориться мертвым*».

В холодную погоду наша симпатическая ВНС стимулирует расширение бронхов. Это ведет к насыщению организма кислородом и его нагреву. Обмен веществ повышается и все системы органов активизируются. Таким путем организм старается компенсировать недостаток притока тепла из окружающей среды. Мышечная активность возрастает. В итоге – мышечная дрожь, «желание двигаться». Усиливается мозговая активность, пищеварение (хочется есть). Хорошо работает сердце – возрастают частота и сила сердечных сокращений. Улучшается работа почек – возрастает частота мочеиспусканий. Потоотделение, напротив, уменьшается. Потовые железы, это вообще резервная выделительная система. Не столь совершенная как почки. Потоотделение – это вынужденная мера. Дышать в холоде легко потому что расширены бронхи.

На морозном воздухе или при обморожении холодными плотными или жидкими телами кожа бледнеет.

В жару нам меньше хочется есть, так как менее активна пищеварительная система. А сами мы более вялые и малоактивные, так как не работают мышцы. Чем выше температура окружающей среды, тем краснее кожа из-за расширившихся сосудов.

10. ЗАВИСИМОСТЬ МЕТАБОЛИЗМА ОТ ТЕМПЕРАТУРЫ ОКРУЖАЮЩЕЙ СРЕДЫ

1) Для наших организмов невероятно важно поддерживать температуру собственных химических элементов постоянной.

Чем выше температура воздуха, тем больше свободных частиц поступает через кожу в организм и тем сильнее нагреваются химические элементы тела. И тем меньше становится масса элементов. Агрегатное состояние клеточных сред становится все разреженнее. Масса тела уменьшается. И так как свободные частицы при этом поступают не в ходе дыхания, организму не приходится связывать кислород, отдающий частицы, с углеродом и водородом углеводородов. Таким образом, при нагреве организма через кожу, а не через дыхание, «целенаправленного» разрушения структур организма не происходит.

2) Химические элементы наших организмов постоянно обмениваются свободными частицами с элементами окружающей среды, и в первую очередь, с элементами воздуха. Т.е. наши организмы представляют собой открытые термодинамические системы.

В холодную погоду, когда температура химических элементов воздуха понижается, элементы наших организмов отдают воздуху больше свободных частиц, чем в жаркую погоду. В холодную погоду, в организм поступает меньше свободных частиц через кожу. Дополнительные свободные частицы организм может только с дыханием, забирая их у кислорода. Для этого активизируется симпатическая ВНС – мы начинаем чаще и глубже дышать, ЧСС возрастает. Количество кислорода в крови возрастает. Кислород по дыхательной цепи отдает организму свободные частицы, нагревая его тем самым. Но при этом экранирование ядер элементов кислорода, отдавших аккумулированные свободные фотоны в месте соединения с железом гемоглобина, ослабевает. Кислород становится «положительным ионом», активно стремящимся соединиться с каким-нибудь подходящим химическим элементом. Его просто невозможно вывести из организма, не соединив с каким-либо элементом. И организм «жертвует» для него частью органических соединений, содержащихся в виде включений в цитоплазме клеток. Кислород соединяется с кислородом и водородом, образуя углекислый газ и воду, и выводится в таком виде из организма. Но при этом цель, ради которой организм поглощал кислород, оказывается достигнута – химические элементы нагреваются за счет свободных частиц, взятых с поверхности кислорода.

Чем выше частота дыхания и чем оно глубже, тем больше организм получает свободных частиц (фотонов) кислорода. Но одновременно тем больше разрушается органических соединений организма. И тем больше углекислого газа и воды образуется и должно выделяться из организма.

При высокой температуре воздуха организм получает много свободных частиц непосредственно через кожу (таким же образом насыщаются частицами растения и примитивные виды животных). Эти частицы ничем не отличаются от частиц, получаемых организмом при помощи дыхания. И действие, которое производят они в организме точно такое же – нагрев организма. Для того, чтобы избежать перегрева элементов, организм снижает активность симпатического отдела ВНС и активизирует парасимпатический отдел.

Таким образом, и при поступлении частиц через кожу, и за счет дыхания, агрегатное состояние химических элементов организма становится более разреженными, а само тело более легким. Однако при поступлении частиц через кожу, организму не требуется «ломать голову», как избавиться от тяжелого кислорода и разрушать тем самым организм. А вот при поступлении частиц с дыханием организму приходится решать эту проблему и разрушение органических соединений (а порой и клеточных структур) неизбежно.

11. ВОЙНА ПОЛОВ

Война полов - это противостояние мужского и женского как в обществе, так и в одном человеке. В это сложно поверить, но связана эта «война» с противоположно направленным функционированием двух отделов Вегетативной Нервной Системы – симпатического и парасимпатического. Симпатическую ВНС можно отождествить с мужским началом. Парасимпатическую – с женским. Симпатическая ВНС насыщает организм «энергией» и разрушает его. Парасимпатическая ВНС уменьшает запасы «энергии» в организме и способствует сохранению его структур. Симпатическая ВНС – это «ЯН», парасимпатическая – «ИНЬ». Баланс Ян и Инь обуславливает здоровье человеческого организма, согласно представлениям восточной медицины.

Преобладающее большинство растений гермафродиты. В самом начале зарождения животного царства произошло разделение существ на два типа (пола). У одних особей присутствовала только женская половина репродуктивной системы, отвечающая за созревание в организме потомства. У других – только мужская половина, чья функция ограничивается передачей половинчатого набора хромосом женской части репродуктивной системы. Видимо, разделение на два пола произошло еще тогда, когда жизнь существовала только в океане.

Если мы внимательно изучим женскую и мужскую репродуктивную системы, в глаза бросится их схожесть. Половой член мужчин - это словно матка «вывернутая наружу», а матка напоминает член, вдавленный внутрь тела. И тот, и другой органы представляют собой мускульные мешки, богато кровоснабжаемые и иннервируемые. И тот, и другой имеют отверстия, открывающиеся во внешнюю среду. Центральная полость члена занята проходящими сквозь него мочевыводящим каналом и семяизвергательными канальцами. Во время полового акта мышечные ткани, окружающие отверстия семяизвергательных канальцев члена и мышечные ткани шейки матки многократно соударяются. В результате они нагреваются. Точнее – повышается температура образующих их химических элементов, что всегда происходит при соударении тел. В расслабленном, холодном, неактивном состоянии мышечные ткани запирают отверстия члена и матки. В горячем, активном состоянии мышечные ткани сокращаются и отверстия расширяются. Сигнал о сокращении матки или члена и открытии отверстий передается при помощи «видимых» фотонов по нервам в Центральную Нервную Систему. Всю совокупность нервных импульсов, поступающих от разогретых и сокращающихся половых органов, мы называем «оргазмом». Оргазм – это удовольствие. Оргазм испытывают особи обоих полов. Основная «работа» по вынашиванию потомства ложится на «плечи» особей женского пола. Половой акт в период течки для самок-животных заканчивается беременностью, родами и периодом заботы о потомстве, в ходе которых они не ищут половых партнеров. Особи мужского пола свободны от этого. Поэтому они всегда ищут самок, готовых к спариванию, ищут удовольствие. В результате на каждую самку в период течки приходилось огромное число самцов. Стремясь получить удовольствие, самцы сражались друг с другом за возможность оплодотворить самку. Именно здесь кроется причина того, что эволюция мужчин (самцов) и женщин (самок) пошла разными путями. Чтобы одержать верх над конкурентами, самцы учились поддерживать в перевозбужденном состоянии симпатическую ВНС. Чтобы одерживать победы над конкурентами самцам необходимо было развивать большую силу мышечных сокращений во время сражений. Для активизации мышечной системы (как и любой другой системы органов) необходима «энергия», поступающая в процессе дыхания. Поэтому преимущество получали самцы с широкой грудной клеткой. Она позволяла им поставлять в кровь большой объем кислорода, а значит и «энергии». Помимо этого крупных самцов было труднее повалить на землю. Поэтому размеры тела самцов также росли в ходе эволюции. Самки не принимали участия в этом постоянном «мускульном тренаже». Они не наращивали чрезмерную мускулатуру, их грудная клетка не расширялась, размер тела не возрастал. Природа (Творец) никогда не станет расходовать «строительный материал» (химические элементы) без необходимости. Поэтому можно сказать, что на самках Природа экономит. Поэтому самки всегда были меньше самцов. Самкам животных также наравне с самцами приходилось спасаться от хищников или наоборот, самим охотиться. Благодаря этому мышечная система самок не атрофировалась и всегда была почти столь же мощной как у самцов. В человеческом обществе разница между полами очень заметна. Небольшие размеры тела, неразвитая мускулатура и узкая грудная клетка (узкие плечи) во все века служили эталонами женской красоты. Общепринято, что женщина должна быть спокойной, покладистой, негневливой, терпеливой. Все это проявления преобладания парасимпатической ВНС над симпатической. Красивый мужчина в представлении большинства женщин должен быть высоким, мускулистым и с широкой грудной клеткой (с широкими плечами).

Не стоит женщинам ломать свое естество и стремиться быть под стать мужчинам. В силе женщина всегда будет уступать мужчинам. У мужчин «за плечами» миллионы лет «тренировки» в ходе эволюционного развития. Мужчины всегда стремились максимально активизировать симпатическую ВНС. Для нормального протекания беременности в организме женщины, напротив, должна быть активизирована парасимпатическая ВНС. Недостаток «энергии» в организме благоприятен для процессов синтеза органических соединений в теле созревающего ребенка. Поэтому женщинам стоит поддерживать свое тело в хорошей физической форме, но гнаться за спортивными рекордами мужчин не имеет смысла. На женщин возложена сложнейшая миссия продолжателей человеческого рода. Миссия мужчин состоит в защите женщин и детей от хищников и помощи в выкармливании и воспитании детей.

Как в животном мире, так и в человеческом обществе существуют две основные стратегии выживания. Спасаясь от хищников, или конкурируя с особями своего или схожих видов (например, травоядные с другими травоядными), животное может либо сражаться, «зубами, когтями, рогами и копытами», у кого какое оружие имеется. Или же животное может убежать и спрятаться. Первую стратегию чаще используют хищники, вторую – травоядные. Для того, чтобы успешно сражаться, необходим очень высокий уровень «энергии» в организме. Следовательно, баланс ВНС должен быть смещен в сторону симпатического отдела. Для того, чтобы животное, спрятавшись, не выдало себя неосторожным движением, необходимо, чтобы обмен веществ в организме был заторможен. Такое состояние достигается путем смещения баланса ВНС в сторону парасимпатического отдела.

Те же два главных способа самосохранения мы найдем и в человеческом обществе. Причем, с хищниками можно сравнить главным образом, мужчин. Они предпочитают нападать, сражаться. Причем не только на других мужчин. Но и на женщин, детей, стариков. А также на животных. Причина – перевозбужденный отдел ВНС и как следствие, высокий уровень «энергии» в организме, активизирующий все системы органов.

С травоядными следует сравнить женщин, детей и стариков. Им «выгоднее» убегать и прятаться. Но так как, живя в среде людей, трудно далеко убежать, им приходится главным образом, «прятаться». «Прятаться» не в буквальном смысле, а в переносном. Это значит, что они смещают баланс ВНС в сторону парасимпатического отдела. Помимо этого у женщин и стариков можно наблюдать позу подчинения – опущенные плечи и голову, согнутую спину. В этом положении объем легких уменьшается. А, следовательно, уменьшается и приток «энергии» в организм. В наше время дети не столь часто, как в прежние эпохи подвергаются запугиванию со стороны взрослых. Поэтому у детей редко можно увидеть позу подчинения.

В идеале женщины олицетворяют абсолютный покой и умиротворенность, а мужчины – бурную активность и жажду движения.

В эзотерической литературе можно встретить три разновидности человеческого опыта – «Опыт пещер», «Опыт горных вершин» и «Опыт равнин». Думаю, что их можно соотнести с балансом двух отделов ВНС. **«Опыт пещер»** соответствует преобладанию деятельности парасимпатического отдела, что характерно для женского начала, Инь. Человек выживает, прячась, укрываясь от опасностей. Зарывается в землю. Не противодействует Силе Притяжения планеты. Сберегает Материю – соединения химических элементов, из которых построено его тело. **«Опыт горных вершин»** соответствует преобладанию деятельности симпатического отдела, что свойственно мужскому началу, Ян. Человек храбро сражается, стремится покорить весь мир, «взлететь выше гор». Преодолеть Силу Притяжения Земли, увеличив Силу Отталкивания собственного тела. Человек не бережет свое тело, до предела насыщая химические элементы «энергией».

И, наконец, **«Опыт равнин>»**. Он соответствует равновесию в организме обоих отделов ВНС. Парасимпатическая и симпатическая системы, женское и мужское начала в человеке действуют в гармоничном единстве. Ни одно не преобладает. Человек умеренно пассивен и умеренно активен.

До тех пор, пока будет существовать человечество, будут существовать мужчины и женщины. Женщинам противопоказаны такие большие нагрузки, как мужчинам. Если женщина хочет оставаться «женщиной», т.е. существом с несколько пониженным обменом веществ и поэтому более спокойным, мягким, нежным, ласковым – ей не следует гнаться за мужчиной и перенапрягать себя работой. Зачастую можно видеть, как женщины рабочих специальностей обезображены непосильным трудом. Мало того, и дома им нет отдыха – заботы о семье. Перевозбуждение симпатической ВНС повышает аппетит. Поэтому много работающие женщины (как и мужчины) много едят. Однако если мужчинам это «сходит с рук» из-за повышенного обмена веществ, у женщин появляются всевозможные заболевания. В первую очередь страдает желудочно-кишечный тракт. Возникает ожирение. Поэтому некоторая леность женщинам даже полезна.

12. ПРИЧИНА БЛЕСКА ГЛАЗ В ВОЗБУЖДЕННОМ СОСТОЯНИИ

«Возбужденное» состояние организма – это состояние избытка «энергии». Связано оно с перевозбуждением симпатической ВНС, либо под действием импульсов из ЦНС, либо под влиянием выброса адреналина в кровь. Так или иначе, но общее кровяное давление растет. И растет внутричерепное давление.

Внутричерепное давление растет в результате усиления тургора клеток любых тканей в черепной коробке. Слезная жидкость образуется из плазмы крови. Слезная жидкость постоянно смачивает роговицу глаза, небольшими порциями выделяясь из слезных канальцев и распределяясь по поверхности роговицы при мигании. Повышение внутричерепного давления ведет к увеличению количества вырабатываемой слезной жидкости. А значит, к усиленному смачиванию роговицы глаз. Следствие этого мы можем наблюдать в виде усиления блеска глаз.

13. ГОСУДАРСТВО С ТОЧКИ ЗРЕНИЯ ЦАРСТВА ЖИВОТНЫХ

Давайте взглянем на человечество с позиции животного царства. Наши непосредственные предки там – высшие приматы. В организации их сообществ нам, людям, следует искать истоки нашего миропорядка.

Что есть государства, как не разные по масштабу союзы самцов (мужчин), населяющих те или иные территории. Все самки (женщины) с детенышами (детьми), обитающие на данных территориях в совокупности образуют огромные гаремы.

Власть – это в чистом виде прерогатива самцов (мужчин). Стремление подчинять себе других (властвовать) в равной мере присуще как самцам приматов, так и мужчинам. Самцы приматов (и мужчины) делят между собой территорию Земли и стремятся привлечь на свой участок самок для спаривания и удержать их там как можно дольше. Спаривание без обременения потомством дарит самцам (и мужчинам) огромное удовольствие и поэтому они постоянно ищут это источник наслаждения – т.е. самок (женщин).

Все человеческие войны – результат проявления полового инстинкта мужчин. Это ни что иное, как раздел или передел территории и поиск новых самок (женщин). Самкам (женщинам) войны, напротив, мешают спокойно выращивать детенышей (детей). Поэтому они стараются их избегать. Лишь в очень политизированных сообществах женщины сражаются наравне с мужчинами.

У многих видов животных самки не образуют гаремы. Они свободно перемещаются где угодно, живя на территории то одного самца, то другого. Однако у приматов самки объединены в гаремы. А мы – наследие приматов.

Итак, государство – это самцы (мужчины). Президент страны (или премьер-министр, раньше были цари и короли) – это главный вожак данной стаи (страны) приматов (людей).

В стае (или стаде – у некоторых видов стада) приматов лучшая еда и самые комфортные места (сухие в дождь, теплые в холод и прохладные в жару) достаются лидирующим самцам. А и как иначе, ведь физически они самые сильные. «Мечта» любого самца в стае – стать вожаком. Или хотя бы повысить свой ранг. «Мечта» практически любого мужчины – обрести власть, признание, славу, за которыми, естественно, последуют деньги и внимание многих женщин.

Вкусную еду и комфортные места в стае приматов можно уподобить деньгам людей. Поэтому неудивительно, что основные материальные ценности в человеческом сообществе сосредоточены «в руках» мужчин. И не просто мужчин, а мужчин при власти. Именно они ведают их распределением.

Поэтому, когда малообеспеченные слои населения – одинокие женщины с детьми, пожилые, больные люди - просят у государства социальной поддержки, с точки зрения животного мира это можно рассматривать как стремление слабых приматов – самок, старых обезьян – снискать благосклонность самцов-вожаков. Самкам легче завоевать расположение самцов, чем старикам и детям. Причина проста – самки привлекают самцов возможностью спаривания. Так и у людей. Женщине, особенно привлекательной, легче добиться материальных благ, чем детям и старикам. Если по улицам гуляет беспризорный ребенок - его заберут в детский дом. Если заблудился одинокий немощный старик – его определят в больницу или дом престарелых. Если по улице идет свободная, но безработная женщина, с ней может познакомиться мужчина и жениться на ней. Дети и старики мужчин мало интересуют.

Только у самок приматов и у женщин существует такое интересное физиологическое явление, как «скрытая фертильность». У самок других видов животных маркером овуляции является «течка». Только в этот период самка готова к спариванию. У самок приматов и у женщин «течки» нет. Тем самым, время наступления овуляции внешне никак не обозначено. Самцы в неведении. Кроме дней менструации у самок приматов и у женщин есть возможность спариваться круглый год. Это привлекает самцов и держит их в постоянном напряжении. А самки для них всегда желанны, т.е. являются постоянным объектом пристального внимания. Таким образом, «скрытая фертильность» - это своеобразная «валюта» женского пола. Способ, позволяющий самкам и женщинам завоевывать расположение самцов и получать дополнительные материальные блага.

14. ВОЛЯ ЧЕЛОВЕКА И МЕТАБОЛИЗМ

Воля человека – это его «сознание», его «Я», тело, образованное частицами Буддхического Плана, и соединенное с элементами ДНК коры нейронов головного мозга.

Именно «воля» человека является руководящим «центром», способным повлиять и изменить рефлекторный характер деятельности нижележащих отделов нервной системы.

Низкая температура окружающей среды заставляет симпатический отдел стимулировать расширение бронхов для увеличения притока кислорода, что вызывает нагрев различных систем организма. Нагрев – это и есть активизация. Начинается мышечная дрожь. Однако всем нам известно, что волевым усилием мы можем в той или иной мере подавить дрожание мышц. Помимо этого, в холодную погоду повышается общая двигательная активность. Однако усилием воли мы можем ее подавить и заставить тело замереть на одном месте.

В жаркую погоду все наоборот. Бронхи сужаются, приток кислорода уменьшается. Организм охлаждается. Работа всех систем организма ослабевает, в том числе и мышц.

Однако усилием воли, человеческое сознание может заставить организм в жару выполнять тяжелую физическую работу.

Как расширение бронхов вызывает активизацию работы мышц, так и необходимость двигательной активности вызывает расширение бронхов. Как расширение бронхов вызывает активизацию пищеварительной системы, так и присутствие пищи в верхних отделах пищеварительной системы вызывает расширение бронхов.

15. ГЕНЕТИЧЕСКОЕ НАСЛЕДОВАНИЕ ИНФОРМАЦИИ

Каждый рождающийся ребенок – это действительно «tabula rasa». Индивидуальная память родителей детям не передается. Индивидуальная память хранится в ДНК нейронов коры головного мозга. Думаю, в виде интегрированных в химические элементы ДНК легчайших частиц Буддхического Плана. Т.е. наше человеческое «Я» - это и есть наша индивидуальная память. Сперматозоиды и яйцеклетки лишены этих Буддхических частиц. Они несут информацию лишь о строении физического тела в виде интегрированных в ДНК половых клеток астральных частиц. Именно при помощи частиц астрала передается по наследству информация об особенностях метаболических процессов, которые будут протекать в организме ребенка.

16. ГРОМКОСТЬ ГОЛОСА КАК ПОКАЗАТЕЛЬ УРОВНЯ ЭНЕРГИИ В ОРГАНИЗМЕ

Голос – это совокупность звуковых волн, рождающихся в результате столкновения химических элементов воздуха, выдыхаемого из легких, с органами гортани и ротовой полости. Основной орган гортани – это голосовые связки. Чем больше объем грудной клетки, тем больше объем легких, и тем больший объем воздуха человек может выдохнуть. Чем больше объем воздуха, одномоментно выдыхаемый из легких, тем громче голос. Все люди могут громко разговаривать. Однако одним для этого требуется перенапрягать свой дыхательный аппарат. Им приходится расправлять плечи, выпрямлять спину и активно «работать» прессом и диафрагмой. В этой ситуации чаще оказываются женщины, дети и старики. Другим людям, благодаря большому объему грудной клетки, легко дается громкая речь. Этими людьми чаще всего оказываются мужчины. Очень громкий голос мы называем «криком». В человеческом обществе не принято на улицах разговаривать громко. Поэтому нам нечасто выпадает возможность сравнить вокальные данные разных людей. Громкую речь в исполнении преимущественно мужчин можно услышать, к примеру, на спортивных стадионах.

Громкая речь в обычном, нормальном, не перенапряженном состоянии организма свидетельствует о большом объеме грудной клетки, и, следовательно, о высоком уровне «энергии» в организме. Как уже говорилось, это чаще характерно для мужчин, чем для женщин. Стоит ли говорить, что в возбужденном состоянии человек с большой грудной клеткой способен выдохнуть еще больший объем воздуха, чем в обычном состоянии. И при этом голос становится еще громче. Напомню, что любой выдох «вне расписания» ведет к последующему вдоху и обновлению воздуха в легких. А это повышает уровень «энергии» в организме. Когда мужчина кричит, его и без того высокий уровень «энергии» возрастает еще больше, что максимально активизирует все системы органов. Напрягается вся произвольная мускулатура. В таком состоянии человек может легко вступить в схватку с «врагами» (конкурентами). В этом кроется причина легкой возбудимости мужчин, их частых драк между собой и стремления добиваться желаемого силой. Неудивительно поэтому, что в сознании всех людей громкая речь ассоциируется с демонстрацией силы и превосходства. На многих людей, особенно физически слабых, громкая речь действует парализующе. Временный «паралич» мышц – признак смещения баланса в сторону парасимпатической ВНС. Это состояние мы называем «страхом». Возможно, поэтому в западной цивилизации громкая речь в общественных местах не принята.

17. ДОПОЛНИТЕЛЬНЫЙ АРГУМЕНТ, ПОДТВЕРЖДАЮЩИЙ ПРЕДШЕСТВОВАНИЕ РАСТИТЕЛЬНОГО ЦАРСТВА ЖИВОТНОМУ

Несомненно, растительное царство зародилось на Земле раньше животного. Растения в ходе своей жизнедеятельности используют углекислый газ и выделяют свободный кислород. Принцип работы организмов животных основан на окислении пищи (растений или животных) при помощи свободного кислорода. Животные не смогли бы жить в атмосфере бедной кислородом. Многие виды микроорганизмов приспособились к частичному или полному отсутствию в атмосфере кислорода. Вероятно, эти виды возникли, когда растительное царство еще не достигло апогея своего развития, и недостаточно долго существовало на Земле. Поэтому процент содержания в атмосфере свободного кислорода был низок.

18. ТЕЛА ЛЮДЕЙ И ЧЕЛОВЕЧЕСКИЕ «Я» — ЕСТЬ ЛИ ОБЩЕЕ?

Человеческие «Я» (человеческие сознания) – это тела, состоящие из элементарных частиц будхического Плана. Эти тела очень тонкие (разреженные) из-за того, что в будхических элементарных частицах соотношение Сил Притяжения и Отталкивания уравновешено. Элементарные частицы, из которых состоят тела человеческих «Я», интегрированы в химические элементы ДНК нейронов коры головного мозга.

Думаю, что во внешнем облике буддхических тел и человеческих организмов мало общего. Строение человеческих тел полностью подчинено условиям среды обитания и специфике выполняемых организмом задач.

Ненужные, неиспользуемые ткани, органы, части тела в ходе эволюции исчезают (атрофируются), нужные – «нарастают». Природа (Творец) очень бережливо расходует строительный материал – химические элементы, имеющиеся на поверхности той планеты, где в данное время происходит эволюция биологической жизни.

19. ЗАВИСИМОСТЬ УРОВНЯ ОБМЕНА ВЕЩЕСТВ ОТ СТЕПЕНИ АКТИВНОСТИ

Обмен веществ работающего человека и человека, сидящего дома, различен. Сидя дома, мы пребываем в покое. Все процессы несколько заторможены. Полное отсутствие напряжения изо дня в день вредно для здоровья. Активность – это процессы распада, покой – это процессы синтеза. Сидя дома мы «заплываем жиром», мышцы дряхлеют (ослабевают).

Работающий человек непроизвольно вынужден вести активный образ жизни. Трудовые обязанности зачастую заставляют его игнорировать слабые и средние импульсы голода, достигающие коры. У работающего человека интенсивно протекают процессы распада (катаболизма). Отдых в конце рабочего дня приводит к смещению баланса в сторону процессов анаболизма.

В итоге, человек живет в напряженном ритме – днем процессы распада, вечером и ночью – процессы синтеза. Но если удается поддерживать баланс между данными процессами – человек доволен жизнью. И чем больше напряжение – тем выше удовольствие. Напряжение организма рождается как произведение величин процессов распада и синтеза. По аналогии с электрическим током, где напряжение тем выше, чем больше величины положительного и отрицательного полюсов.

Неработающему человеку необходимо создавать в своей жизни напряжение искусственно.

20. ИЗМЕНЕНИЕ ВЫСОТЫ ГОЛОСА

Люди произвольно могут изменять напряжение гортани в области голосовой щели. При этом изменяется натяжение голосовых связок. Чем выше напряжение гортани, тем сильнее натягиваются связки. Связки подобны струнам. Выходящий из легких воздух колеблет их. Любое колеблющееся тело рождает в окружающей среде «звуковые волны». О природе звуковых волн мы уже говорили. Чем ближе к середине струны, тем больше амплитуда колебаний струны. И соответственно тем выше будет амплитуда порождаемых данным участком струны звуковых волн. Чем больше натянута струна, тем меньше будет срединный участок, колеблющийся с максимальной амплитудой. Звуковые волны, порождаемые этим срединным участком каждой голосовой связки – это и есть основная составляющая нашего голоса. Эти звуковые волны имеют наибольшую амплитуду, а значит, звучат громче остальных, и поэтому слышны лучше остальных. Длина участка голосовой связки, колеблющейся с максимальной амплитудой, порождает звуковые волны такой же длины. Отсюда, чем больше длина участка голосовой связки, колеблющегося с максимальной амплитудой, тем больше длина волны. И тем ни жетон голоса. И наоборот. Чем меньше длина участка голосовой связки, тем меньше длина волны. И тем выше тон голоса.

21. РАСЩЕПЛЕНИЕ РАЗЛИЧНЫХ ВИДОВ ПИЩИ

Всякий вид пищи характеризуется своим собственным относительным составом питательных веществ. Для расщепления различных типов органических соединений – белков, жиров, углеводов – требуется различное количество «энергии». «Энергия» в организм поступает вместе с дыханием. Информацию о том, сколько «энергии» и, соответственно, сколько кислорода требуется организму для окисления (расщепления) того или иного органического соединения, дает нам «дыхательный коэффициент». Больше всего «энергии» требуется организму для расщепления жиров, меньше всего – для углеводов.

Обонятельные рецепторы носа и вкусовые языка позволяют произвести «спектральный анализ» пищи. Мозг, распознав органические соединения, поступающие в организм, и их процентное соотношение: 1) во-первых, «отдает приказы» о выделении ферментов в нужных пропорциях для расщепления именно данного типа пищи; 2) во-вторых, «отдает приказы» о расширении бронхов до того размера, который обеспечит приток в организм необходимого количества кислорода.

22. ЗРИТЕЛЬНОЕ ВОСПРИЯТИЕ

Организмы животных и людей в ходе эволюции на нашей планете приспособились использовать фотоны видимого диапазона, поступающие в дневное время на землю и переходящие от тела к телу, в качестве источника информации об окружающих телах.

Черно-белое зрение – это различение тел в зависимости от количества пропускаемых элементами этого тела «видимых» фотонов – т.е. от яркости пропускаемого света. Тело тем чернее, чем меньше «видимых» фотонов оно пропускает за единицу времени. И наоборот, тело тем белее (светлее), чем больше «видимых» фотонов оно пропускает за единицу времени. Палочки, которые ответственны за черно-белое зрение, «учитывают» все виды «видимых» фотонов независимо от их массы и радиуса.

Цветовое зрение имеет большее значение днем, когда атмосфера и все тела более насыщены «видимыми» фотонами всех цветов.

Ночью падает яркость всех тел на Земле, поэтому в цветовом зрении отпадает необходимость. Но так как ничтожная часть света от Луны и звезд все же поступает на Землю, для этого времени суток более важно черно-белое зрение. В результате, мы различаем все тела лишь как более темные и как более светлые.

Следует добавить, что одного фотона недостаточно для возникновения светоощущения. Только «световая волна», состоящая из множества фотонов, способна принести в мозг зрительный образ.

23. ИНСТИНКТ, ИНТЕЛЛЕКТ И ИНТУИЦИЯ

1) Инстинкт – это программа действий, комплекс поведенческих реакций, унаследованных организмом от более ранних в эволюционном отношении форм жизни.

Инстинкты могут устаревать. При этом возникают новые, более совершенные инстинкты, соответствующие более высокому эволюционному статусу и меняющимся условиям окружающей среды. При этом старый инстинкт может существовать какое-то время наравне с новым, не являясь уже руководящим. Однако он страхует новый инстинкт, подменяя его в критических ситуациях. Зачастую он мешает новому инстинкту, вклиниваясь в его руководящие директивы.

Играя все более ведущую роль, новые инстинкты начинают контролировать и старые.

2) Религиозный экстаз, вдохновение художника или поэта, озарение ученого в своей основе имеют один и тот же механизм – интуитивный способ мировосприятия. Физиологические процессы, протекающие в нейронах, работающих в режиме «интуитивное мышление», в своей основе те же самые, что и в нейронах, работающих в режиме «интеллектуальное мышление». В чем же разница этих двух способов мышления?

В основе интеллекта находятся логические цепочки. Логическая цепочка возникает тогда, когда последовательно активизируются различные участки коры головного мозга. Характерная особенность такого способа мышления – отсутствие (полное или частичное) возбуждения всех остальных участков коры. Интеллект лежит в основе интуиции. Интуитивное мышление характеризуется одновременным возбуждением большого числа зон коры. Чем большее число участков коры вовлекается в процесс мышления, тем в большей степени тип такого мышления смещен от интеллекта к интуиции.

Мышление и возбуждение нейронов – это одно и то же. Возбужденный нейрон (как и любая другая клетка) характеризуется преобладанием процессов катаболизма (распада, окисления, что то же самое).

Нервную систему в чем-то можно сравнить с Интернетом. Она также представляет собой сеть, состоящую из отдельных нейронов, которые также связаны между собой при помощи отростков. Чем больше нейронов «подключено», т.е. возбуждено, тем больший объем хранящейся в них информации активизирован и доступен нейронам всей сети (всего мозга). И тем быстрее осуществляется поиск верного решения поставленной задачи. При этом происходит комбинирование информации, хранящейся в нейронах разных отделов коры. Обмен информацией между нейронами осуществляется в виде электромагнитных волн (элементарных частиц различного качества).

При интуитивном способе мышления также происходит выстраивание логических цепочек. Однако теперь их гораздо больше и функционируют они одновременно. Отсюда и кажущаяся нелогичность интуитивного мышления. Просто одновременно задействовано столько много логических цепочек, что невозможно выделить какую-либо одну и утверждать, что именно этот путь и привел к верному решению. В случае интуиции нужный ответ приходит именно в виде «озарения» (обратите внимание на корень «зар», он же есть и в слове «заря»). Наступает момент «просветления», который длится у разных людей разное время и зависит от особенностей обмена веществ. Чем интенсивнее обмен веществ – тем большее число клеток задействуется и тем дольше длится состояние «просветления». Иначе «просветление» (озарение) можно назвать вдохновением, осенением. Во время «озарения» человек видит решаемую проблему, нужный ответ или ответы, свою роль в этом, других людей (и т.д.) целиком, как единую картину. Лихорадочный перебор вариантов прекращается и человек наблюдает общую картину несколько возвышенно, как бы чуть со стороны, отстраненно, но не равнодушно.

При этом верное решение просто «возникает» перед мысленным взором, стоит лишь задать себе тот или иной вопрос.

3) *Логический способ мышления* – это выстраивание причинно-следственных цепочек.

Человеческий мозг в поисках решения какой-либо проблемы (т.е. ответа на какой-либо вопрос), строит синаптические связи. Т.е. от какой-либо исходной нервной клетки, содержащей отправную идею, происходит последовательное выстраивание синаптических мостиков, от клетки к клетке, в поисках информации, которая поможет наилучшим образом решить данную задачу. Число клеток, которые активизируются при этом и замыкаются в единую сеть, зависит от важности проблемы, решаемой мозгом.

Чем чаще мозг «устраивает» такие «тренировки» своим нейронам, чем шире и глубже одновременно необходимо рассмотреть какой-либо вопрос и больше важность решаемой задачи, тем большее число клеток мозга постоянно соединены друг с другом – образуют сеть. Так и происходит развитие человеческого интеллекта. В тех случаях, когда большинство клеток объединены, говорят об интуитивном типе мышления. Интуиция – это очень высокая скорость поиска верного решения. При этом, поиск ответа также осуществляется логическими путями. Но при этом мозг не тратит время на выстраивание синаптических мостиков, так как большинство нейронов уже объединены.

При интуитивном способе мышления мозг не ищет решения проблемы в каком-то одном ожидаемом направлении. Он может перескакивать в другие, совершенно не связанные, казалось бы, с данной, темы и находить ответ именно там. Отсюда видимая нелогичность и непоследовательность интуитивного способа мышления.

Интуиция - это, своего рода, вливание в мозг информации свыше. Сознание чуть отдаляется от мозга, смещая свое привычное при интеллектуальном мышлении местоположение, и «полощется на эфирном ветру», впитывая информацию из окружающего пространства. Мир вокруг нас населен множествами невидимых глазу сущностей, знающих ответы на многое, что ведомо и неведомо людям. Когда интуитивное сознание задает вопросы, оно получает ответы от этих существ. Нужно лишь научиться вести этот «диалог» и понимать ответы.

24. КРОВОСНАБЖЕНИЕ ОРГАНОВ

Прогревая какой-либо орган, мы его «выключаем» — тормозим его активность. В прогреваемом органе перестает активно циркулировать кровь. Она застаивается из-за расширяющихся вен. Отсутствие нормального притока и нормально оттока крови приводит к недостаточному энергоснабжению органа. Мало «энергии» — слабо протекают процессы катаболизма (разрушения соединений). И наоборот, усиливаются процессы анаболизма – сбережения и восстановления химических соединений органа.

Таким образом, усиленное кровоснабжение органов ведет к их износу, а ослабление кровоснабжения – к отдыху.

Люди, чьи организмы внутриутробно, а также в детстве и в молодости формировались в условиях избытка солнечной энергии, имеют менее массивное телосложение – небольшой рост и небольшие частиц тела.

В жарком климате люди более пассивны и им требуется меньше еды, так как баланс метаболических процессов в их организмах смещен в сторону анаболизма.

Кроме того, баланс катаболизма и анаболизма в организмах людей зависти от «астрологических влияний».

25. МЕТАБОЛИЗМ САМЦОВ И САМОК

Хотя представители религии стремятся оспорить происхождение человеческого царства от приматов, в научных кругах этот факт является общепризнанным.

Обратимся к истории становления человечества.

Приматы, также как и сами люди, существа млекопитающие. Т.е. особь женского пола получает половинный набор хромосом от особи мужского пола и в ее теле синтезируется тело новой особи – детеныша. Первое время после рождения детеныш вскармливается молоком, в основе которого находятся питательные внутренние среды организма женской особи.

Вынашивание детенышей – нелегкая задача. Количество воспроизводимых особей млекопитающих какого-либо вида зависит от общего числа самок репродуктивного возраста, времени беременности, времени вскармливания и числа одновременно овулирующих яйцеклеток. У людей все несколько иначе. На деторождение накладывают свой отпечаток тенденция создавать «семьи» (т.е.стремление пожизненно ограничить число партнеров, участвующих в создании тел новых особей и их последующем вскармливании, двумя), материальная обеспеченность семьи, национальные, культурные и религиозные традиции.

Но и в случае приматов, и в случае людей, из-за ограниченного количества потомства и из-за отсутствия непосредственного участия особей мужского пола в процессе вынашивания, последние вынуждены конкурировать друг с другом за право передавать особям женского пола свои наборы хромосом.

Для чего сделано это длинное отступление, где повторялось то, что уже всем известно?

Самки в борьбе за право оплодотворения никогда не участвовали, поэтому от поколения к поколению чрезмерно наращивали мускулатуру и укрепляли скелет только самцы.

У приматов особи женского пола вынуждены постоянно спасаться от хищников наряду с самцами, поэтому их опорно-двигательный аппарат отлично развит, хотя и хуже, чем у самцов.

У людей опорно-двигательный аппарат значительно слабее, чем у любого представителя высших приматов. У мужчин «дела обстоят лучше». А у женщин из-за отсутствия контактов с хищниками и необходимости физической борьбы друг с другом скелетная мускулатура достаточно слаба.

У приматов самцы осуществляют силовой контроль поведения самок, детенышей и старых особей. Таким путем они обеспечивают для себя наиболее комфортные условия существования. У людей в ходе развития человечества этот контроль стал значительно слабее и в цивилизованном обществе даже осуждается.

Общеизвестен факт, что у особей мужского пола животных и людей объем грудной клетки превосходит объем грудной клетки у особей женского пола. Чем больше объем грудной клетки, тем больше объем вдыхаемого воздуха, и тем сильнее энергообеспечение организма. Высокий уровень энергии приводит к высокому уровню разреженности сред организма. В результате все процессы протекают быстрее, в том числе и мышцы сокращаются с большей силой. Это помогает самцам конкурировать друг с другом за возможность оплодотворить самку.

Чем больше объем грудной клетки, тем больше объем легких. Большие легкие вмещают за один вдох больший объем воздуха и, соответственно, кислорода. Поэтому в крови организма с большим объемом грудной клетки при одинаковой частоте сердечных сокращений будет содержаться большее количество кислорода.

При одинаковых условиях окружающей среды любое химическое соединение в газообразном состоянии имеет большую величину Силы отталкивания по сравнению с химическими соединениями в жидком и, тем более, в твердом агрегатном состоянии.

Химические элементы (и химические соединения) в газообразном состоянии за счет меньшей массы по сравнению с элементами в жидком и твердом состоянии, с большей скоростью способны перемещаться друг относительно друга.

Также и химические элементы (и химические соединения) в жидком и твердом агрегатном состоянии, помещенные в газообразную среду, перемещаются с большей скоростью. Пример тому –

как легко перемещаются твердые и жидкие тела в атмосфере нашей планеты, испытывая лишь слабое сопротивление.

Когда клетки организма в ходе процессов катаболизма наполняются углекислым газом, структуры клетки, находящиеся в твердом и жидком агрегатном состоянии, начинают свободнее передвигаться в объеме клетки, не испытывая значительного трения. В том числе и мышечные сократительные белки в таких условиях свободнее перемещаются в цитоплазме клетки и друг относительно друга. Все метаболические процессы активизируются в клетке в условиях распада органических соединений. Химические соединения (например, ферменты и субстраты) перемещаются быстрее – отсюда более высокая скорость протекания биохимических реакций.

26. МЕХАНИЗМ ВОЗНИКНОВЕНИЯ СОЛНЕЧНОГО УДАРА

Люди, проживающие в экваториальном и тропическом климате, а также народности, проживающие севернее, летом, в жару любят различными способами охлаждать свои тела. Самые распространенные способы – мороженое и прохладительные напитки, а также купание в воде или хотя бы обливание или обтирание водой.

Относительно нахождения в водоемах не имею возражений. Однако не рекомендую употреблять в жаркую погоду (или в жарком климате) замороженные продукты. Давайте попробуем разобраться почему.

Метаболизм живых организмов на Земле всецело зависит от солнечной «энергии». Растения способны полноценно жить и расти только периодически облучаясь «энергией» Солнца. Животные «придумали» механизм, поставляющий в их организмы дополнительное количество солнечной «энергии». Этот механизм – дыхание. И поставляет в их организмы «энергию» кислород, накапливающий ее в своих периферических «щелях». В результате, организмы животных и людей «неплохо обогреваются» даже в ночное время. Мало того, они способны выживать даже в условиях длительного недостатка солнечной «энергии» — т.е. в зимнее время. Дыхание позволило им не снижать свою активность круглосуточно и круглогодично. И кроме этого, повысило шансы на выживание.

Однако развитие у животных дыхания поставило их перед другой проблемой. Поступление «энергии» в ходе дыхания «не отменило» поступления в организм в дневное время солнечной «энергии» обычным путем — двигаясь по «щелям» между химическими элементами. Именно так «энергия» и движется в среде химических элементов. Таким способом «энергия» проникает между химическими элементами кожи и движется дальше, нагревая химические элементы всех клеток организма. Организмам животных нужно было, как-то бороться с таким избыточным поступлением «энергии» в организм. И Природа в ходе эволюции «придумала» еще один удивительный механизм. Точнее, он развивался одновременно с дыханием. Этот механизм – два отдела Вегетативной нервной системы.

Симпатический и парасимпатический. Вместе они представляют собой нечто вроде постоянно функционирующего «датчика», фиксирующего количество солнечной энергии, поступающей в организм диффузным путем, и одновременно «регуляторов» количества «энергии», поступающей в ходе дыхания. Оба данных процесса – измерение количества «энергии», поступающей диффузно и регуляция дыхания – связаны друг с другом. Причина проста. Человек не может по желанию «включать» и «выключать» Солнце. Оно может уйти в тень или спрятаться в нору или пещеру (или в квартиру). Однако значительное количество солнечной «энергии» по «щелям» между элементами все равно будет достигать его тела, и нагревать его. Поэтому все, что остается организму животного или человека, это просто регистрировать количество поступающей «энергии». И реагировать на изменения количества поступающей «энергии» изменением уровня дыхания. Всем этим и занимаются симпатический и парасимпатический отделы ВНС.

Во-первых, холодная еда – это холодное вещество. Любой контакт организма с холодным веществом, будь оно снаружи или внутри, приводит к перестимуляции симпатической ВНС. А во-вторых, любая пища, попадающая в желудочно-кишечный тракт, требует повышения уровня «энергии» в организме, что также стимулирует симпатический отдел ВНС. Чем калорийнее пища, тем сильнее активизируется «симпатика». В итоге, два фактора способствуют чрезмерной активизации симпатического отдела и, следовательно, поступлению в организм дополнительного количества «энергии» в ходе дыхания. В результате организм получает избыточное количество «энергии» — через кожу, диффузно, и в ходе интенсивного дыхания. Организм чрезмерно перегревается. Высокая температура приводит к чрезмерному распаду химических соединений – смещению баланса в сторону процессов катаболизма (распада). Питательные вещества в клетках (углеводы и жиры) быстро разрушаются до углекислого газа и воды. Углекислый газ – это газ, вода – это жидкость. Они оба находятся в более разреженном состоянии, чем углеводы и жиры. Помимо этого агрегатное состояние всех молекул в клетках становится более разреженным. Говоря проще, вещество внутри организма немного расширяется. Этого «немного» оказывается достаточно для повышения внутреннего давления – тургора клеток. Особенно нелегко приходится нашей голове. Клетки головного мозга «заперты» в костном панцире — черепной коробке. Когда тургор клеток головного мозга повышается, они начинают давить на жидкость, омывающую головной мозг снаружи. Жидкость и сама несколько расширенная давит на мозговые оболочки. Они, в отличие от ткани головного мозга, хорошо иннервированы. И повышение внутричерепного давления вызывает боль из-за сдавления мозговых оболочек. В этом и состоит механизм «солнечного удара» — резкой и сильной головной боли, за которой может последовать потеря сознания. «Солнечный удар» иначе называют также «тепловой удар».

Конечно, холодная пища в желудке забирает у организма некоторое количество «энергии» и поэтому вначале действительно немного охлаждает организм. Однако в целом, количество «энергии», потерянной организмом в результате нагревания холодной еды меньше того, что «обрушивается» на него в результате стимуляции симпатического отдела и поступления через «щели» химических элементов кожи.

А вот кратковременный контакт тела в жару с прохладной водой или с прохладным воздухом не столь опасен для организма по сравнению с холодной пищей. В данном случае организм не будет дополнительно разогреваться, так как в ЖКТ ничего не будет поступать. Однако на охлаждение водой или воздухом наши организмы также отреагируют стимуляцией симпатического отдела. И если мы после охлаждения снова окажемся на жаре и при этом перестанем себя охлаждать, нам станет еще жарче, чем было до охлаждения. Поэтому после купания в жару в холодной воде, мы также рискуем получить «солнечный удар», если не уйдем после этого в тень или снова не залезем в воду.

Любая чрезмерная стимуляция симпатической ВНС ведет к избыточному разрушению химических соединений в клетках. Когда при этом происходит распад белков, иммунитет организма ослабевает, что приводит к проникновению внутрь болезнетворных микроорганизмов и заражению организма. Именно поэтому воздействие на организм в жару, но особенно в холодное время суток или года, или в холодную погоду холодной пищи или холодной воды, воздуха или других тел, часто приводит к простудным заболеваниям.

Но не все болезни вызваны избыточной активизацией симпатической ВНС.

27. НАГРЕВ И ОХЛАЖДЕНИЕ КЛЕТОК ОРГАНИЗМА

Нагрев или охлаждение того или иного органа осуществляется под влиянием нервных импульсов, приходящих от центральной нервной системы. Сами нервные импульсы – это потоки легких элементарных частиц – радио, инфракрасных, видимых фотонов. Нервные импульсы вызывают расширение или сужение сосудов, кровоснабжающих тот или иной орган. Расширяться и сужаться могут только артериолы, приносящие артериальную кровь, имеющую большой процент горячего, неотработанного кислорода, содержащего много энергии. Расширение артериол вызывает нагрев органа, сужение – охлаждение. Нагрев – это стимуляция процессов распада (катаболизма), охлаждение – это стимуляция процессов синтеза (анаболизма). Для чего нужны процессы распада и синтеза. Процессы синтеза необходимы для восстановления разрушенных в ходе распада химических соединений. Процессы распада необходимы для перемещения тела в пространстве, для его отрыва от поверхности Земли. Процессы синтеза помогают организму не превратиться целиком в углекислый газ и воду. Можно приблизительно сказать, что *процессы синтеза служат для преодоления антигравитации, а процессы распада – для преодоления гравитации*. В результате их баланса мы получаем организмы, способные ходить, ползать, прыгать, бегать и летать (некоторые), но при этом удерживающиеся на поверхности планеты – все многообразие мира животных и людей. Нарушение баланса, согласованности данных двух противонаправленных процессов приводит к нарушению функционирования органов и болезням. Серьезные нарушения гармонии могут вызвать смерть – распад единой системы тел различной плотности, объединенных в составе человеческого или животного организма.

28. МЫШЕЧНАЯ РАБОТА И ПОТООТДЕЛЕНИЕ

Активизация работы мышц всегда связана с активным потоотделением. Мышечное напряжение всегда возникает как следствие нагрева мышечных клеток.

Потоотделение – это наиболее быстрый механизм выделения воды из организма. Этот механизм включается, когда заторможена работа почек.

Воздействие холода вызывает «мышечную дрожь» в результате активизации симпатической ВНС. Мышцы активизируются, нагреваются, начинают работать. Чем мышечное напряжение требуется развить, тем сильнее перед этим активизируется симпатический отдел ВНС, тем выше поднимается температура тела. В ответ на это организм начинает активизировать парасимпатическую ВНС. Следствием этого является усиление потоотделения.

При гневе, ярости бронхи расширяются, приток кислорода возрастает и все системы органов активизируются.

При «страхе» человек «затаивает дыхание» — уменьшает амплитуду дыхательных движений, или даже задерживает дыхание. Это уменьшает приток кислорода. Организм начинает охлаждаться. Поэтому о состоянии страха часто говорят так – «похолодеть от ужаса». Организм начинает бороться с переохлаждением и включается механизм «мышечной дрожи», которая призвана расширить бронхи и нагреть организм. Потому и говорят: «Дрожать от страха». Так как в результате недостатка кислорода все системы органов угнетены, возникает так называемое «оцепенение». Почки в это время также работают слабо. Часто у человека, который испуган, выступает «холодный пот».

29. НЕРВНАЯ ДРОЖЬ

Природа «нервной дрожи» и «дрожи от холода» одна и та же. И в том, и в другом случае под влиянием симпатической нервной системы расширяются бронхи, учащаются дыхание и сердцебиение. Вследствие чего возрастает содержание кислорода в крови. Соответственно, увеличиваются запасы «энергии» в организме. Кислотно-щелочной баланс смещается в «кислую» сторону, т.е. в сторону процессов катаболизма (распада соединений). В результате все системы органов активизируются, в том числе и мышечная. Произвольные мышцы начинают с определенной частотой и амплитудой сокращаться и расслабляться. Так и возникает «нервная дрожь» или «дрожь от холода». Причем частота и амплитуда сокращений зависит от уровня возбуждения симпатического отдела ВНС. А уровень активизации симпатической ВНС определяется степенью возбуждения подкорковых зон и зон коры головного мозга в случае «нервной дрожи», и степенью возбуждения только подкорковых зон под влиянием низкой температуры окружающей среды в случае «дрожи от холода».

30. ОБЪЯСНЕНИЕ РЯДА ПСИХОФИЗИОЛОГИЧЕСКИХ СОСТОЯНИЙ

01) **«Невозмутимость».** Невозмутимость – способность человека сохранять баланс симпатической и парасимпатической систем в условиях, способствующих перевозбуждению симпатической ВНС;

02) **«Страсть».** Страсть – перевозбуждение симпатической ВНС;

03) **«Лень».** Лень – перевозбуждение парасимпатической ВНС;

04) **«В глазах горит огонь»** — блеск роговицы в состоянии перевозбуждения симпатической ВНС. Связано с повышением внутричерепного давления. В результате роговица увлажняется сильнее обычного;

05) **«Умение (или неумение) контролировать гнев»** — умение сохранять (или не сохранять) в организме баланс симпатической и парасимпатической систем, в условиях, стимулирующих перевозбуждение симпатической системы;

06) «Неравнодушие и равнодушие». Эти два слова говорят сами за себя. Ровное и неровное дыхание. Изменчивые частота и сила дыхания или постоянные. «Неравнодушие» – особое состояние метаболизма организма, связанное с наличием интереса у человека к кому-либо или к чему-либо. Неравнодушный человек изменяет баланс симпатической и парасимпатической ВНС, подстраиваясь под интересующего его человека или ситуацию. Неравнодушие очень часто связывают с состоянием «влюбленности». Человека «лихорадит» — т.е. бросает то в жар, то в холод. «Жар» в организме связан с перевозбуждением симпатической ВНС. «Холод» — с перевозбуждением парасимпатической. В обычном, уравновешенном состоянии сбалансированности обоих отделов ВНС человеку не холодно и не жарко. Ему тепло.

Соответственно, «равнодушие» можно охарактеризовать как состояние метаболизма, связанное с отсутствием у человека интереса к кому-либо или чему-либо. В состоянии равнодушия баланс обоих отделов ВНС в организме человека остается неизменным, независимо от состояния окружающих людей и событий.

07) «Горячиться» — перевозбуждение симпатического отдела ВНС;

08) «Держать себя в руках» — в стрессовых ситуациях симпатическая система человека перевозбуждена. Для того, чтобы успокоиться, люди зачастую скрещивают руки, обнимая себя за плечи. При этом грудная клетка сжимается, а скрещенные впереди руки препятствуют свободному движению грудной клетки во время дыхания. Уменьшается объем вдыхаемого воздуха. Соответственно, уменьшается уровень «энергии» в организме. И человек успокаивается.

09) «Сердце матери» - совокупность программ поведения (инстинктов), отвечающих за родительское поведение, хранящихся в частицах ментального плана в составе одного из тонких тел человеческого Я, и осеняющих голову человека. Эти программы способны влиять на работу обоих отделов ВНС.

31. ОЗДОРОВЛЕНИЕ ОРГАНИЗМА

1) Думаем, можно смело утверждать, что у народностей, проживающих в областях с умеренным и северным климатом, причиной большинства заболеваний является переохлаждение. По сравнению с народностями областей, расположенных ближе к экватору, они получают меньше солнечного излучения через кожу. Получение организмом свободных частиц через кожу – это естественный путь нагрева тела. Условно его можно называть «физическим». Получение организмом свободных частиц с дыханием от кислорода можно считать неестественным способом повышения температуры тела. При этом осуществляются химические реакции. Поэтому данный метод можно называть «химическим».

2) Движение, спорт, разнообразная физическая активность отлично стимулируют симпатическую ВНС. Для человечества, еще не овладевшего

методикой перевода своих тел в сверхчеловеческое состояние, это единственная возможность быть «в тонусе» и не болеть. Свежерастительная диета, богатая органическими кислотами и идеально сбалансированная в отношении элементов и микроэлементов, и кроме того, содержащая элементарные частицы астрального плана (они соединены с ДНК растительных клеток) – лучше всего помогает в оздоровлении организма.

3) Во время голодания в организме начинают преобладать процессы распада (катаболизма, окисления, что одно и то же). Организм в первую очередь избавляется от жира и всех ненужных тканей, в первую очередь, от болезнетворных очагов. Большинство заболеваний вызвано проникновением в организм микроорганизмов. Во время голодания организм начинает рассасывать, уничтожать эти патологические очаги, используя их как «пищу».

32. ПИЩА — ИСТОЧНИК ТОПЛИВА, А НЕ ЭНЕРГИИ. ЭНЕРГИЮ ПОСТАВЛЯЕТ КИСЛОРОД

В научной и учебной литературе по биологии всюду говорится, что животные организмы (гетеро- и миксотрофы) в процессе переваривания пищи, выделяют из нее «энергию» и запасают ее в своих организмах при помощи АТФ. В действительности «энергию» в животные организмы поставляет воздух, а точнее кислород. Железо гемоглобина снимает энергию (фотоны) с поверхностных слоев элементов кислорода. И запасание этой «энергии» в организмах происходит не путем синтеза АТФ из АМФ и АДФ, а наоборот, путем распада АТФ до АДФ и АМФ, и АДФ до АМФ.

Переваривая пищу, животные не добывают себе «энергию», а напротив, пополняют запасы «материи» — органических веществ, из которых построены структуры организмов и которые постоянно расходуются в ходе процессов катаболизма (окисления, распада, горения – что одно и то же).

Кислород, поступающий в наш организм, нагревает его, что влечет за собой усиление процессов распада (катаболизма).

33. ПАМЯТЬ ЧЕТЫРЕХ ЦАРСТВ

Человеческую память следует классифицировать в зависимости от источника поступления информации – по органам чувств.

Различные отделы нервной системы животных и людей можно считать хранилищами памяти различных царств Природы. Вся совокупность легких частиц эфирных уровней физического Плана – это память минерального царства. Она присутствует и у растений, и у животных, и у людей. Минеральное царство «подготовило почву» для возникновения одноклеточных организмов. Место в центральной части клетки заняли высокомолекулярные соединения – рибонуклеиновые кислоты, возникшие в результате соединения с химическими элементами еще более тонких, чем эфирные, частиц астрального Плана. Они, контролируя особенности синтеза белков, стали руководить всей жизнедеятельностью клетки. Ядро любой клетки – это носитель памяти растительного царства. А сама память – это частицы астрального Плана. Ядро – это наиболее защищенное место в клетке. Из-за наличия мембраны, окружающей ДНК, различные типы элементарных частиц (света), поступающие в организм через кожу, достигают молекул ДНК меньше всего. Поэтому ДНК можно считать самым постоянным химическим соединением в организме. Разрушение любой из молекул ДНК может привести к болезни или даже гибели организма. Если другие химические соединения в клетках постоянно или периодически подвергаются разрушению – например, углеводы и жиры постоянно, а белки реже – то ДНК крайне редко. Именно благодаря этому астральные частицы могут в течение всей жизни растения, животного или человека быть прикрепленными к молекулам ДНК, сохраняясь, таким образом, как информация о строении физического тела.

ДНК нейронов различных отделов нервной системы животных и людей – это носитель памяти, соответственно, животного и человеческого царств. Поэтому растения, животные и люди отличаются друг от друга не самой ДНК, а присоединенными к элементам частицами различного качества.

34. РОЛЬ МЕЛАНИНА И МЕЛАТОНИНА. ДЛЯ ЧЕГО НУЖЕН ЗАГАР? И ПОЧЕМУ МЕЛАТОНИН ЭФФЕКТИВЕН ПРИ БЕССОННИЦЕ?

«В эпифизе происходит превращение серотонина в гормон мелатонин, который выделяется в кровяное русло. Мелатонин, по-видимому, служит посредником в тех функциях эпифиза, которые связаны с учетом времени и световыми циклами. Например, у некоторых ящериц мелатонин, видимо, вызывает посветление кожи, наблюдаемое при наступлении темноты. У воробьев и кур, содержание циркулирующего в крови мелатонина обуславливает нормальные циркадные ритмы дневной активности и ночного покоя, а также циклические изменения температуры тела (после инъекции мелатонина воробьи, например, засыпают).

Процесс превращения серотонина в мелатонин состоит из двух этапов, и его осуществляют два фермента, синтезируемые в эпифизе. Один из этих ферментов – N-ацетилтрансфераза. От ее активности зависит количество мелатонина, выделяемого эпифизом в кровь, а оно в свою очередь, контролирует такие физиологические ритмы, как циклические изменения температуры тела, и такие поведенческие ритмы, как цикл сна и бодрствования.

У многих животных, как с дневным, так и с ночным образом жизни наивысшая активность N-ацетилтрансферазы всегда приходится на темное время суток. У кур активность N-ацетилтрансферазы ночью в 27 раз выше, чем днем, а количество мелатонина в 10 раз выше. Причем пики обеих величин приблизительно совпадают по времени. При возрастании количества мелатонина куры садятся на насест, засыпают, и температура тела у них понижается.

Поскольку число светлых и темных часов в сутках на протяжении года изменяется, свет должен каким-то образом влиять на активность N-ацетилтрансферазных «часов»...

Утренний свет, достигая эпифиза, уменьшает активность N-ацетилтрансферазы, что в свою очередь снижает количество выделяемого мелатонина. С уменьшением концентрации мелатонина в крови у кур повышается температура тела, и они приступают к своей каждодневной деятельности – кормежке и разгребанию сора...

У человека некоторые из «часов», определяющих физиологические ритмы, быть может, тоже используют механизм, сходный с внутренним ритмом активности N-ацетилтрансферазы в эпифизе. Однако ничего пока нельзя сказать с уверенностью, так как возможности проведения экспериментов на человек ограничены» (*«Мозг, разум и поведение» Ф. Блум, А. Лейзерсон, Л. Хофстедтер*).

Мелатонин – это гормон, способствующий концентрации меланина в коже. Меланин – это вещество темного цвета, располагающееся в клетках кожи и оболочек внутренних органов. Наука считает, что его функция состоит в поглощении ультрафиолетовых лучей, что защищает организм от их губительного воздействия. На самом деле это не так. **Функция меланина совсем иная, нежели принято считать.**

Меланин рассеивается в клетках кожи в условиях избытка солнечного света (главным образом, радио,

ИК и видимых фотонов). При его недостатке он концентрируется. Чем меньше солнечного света поступает в организм через кожу, тем больше в эпифизе вырабатывается мелатонина с целью концентрировать меланин, препятствующий поступлению «света» через кожу. Поэтому высокая концентрация в крови мелатонина является для ЦНС сигналом, свидетельствующим о наступлении холодных времен. Стремясь пережить неблагоприятные времена, ЦНС отдает «приказы» ВНС, заставляя симпатический отдел снизить активность, а парасимпатический повысить, с тем, чтобы экономить топливо – структуры организма, которые можно сжигать в ходе дыхания. В результате, суммарное количество свободных частиц, поступивших в организм и в ходе дыхания и через кожу и накопившихся в нейронах ЦНС, уменьшается. В итоге, нервной системе становится просто нечем «отдавать приказы». Ведь все нервные импульсы представляют собой «видимые» фотоны, бегущие по нервам. И организм охлаждается, все системы органов снижают уровень активности. Из-за уплотнения клеточных сред (и нейронов в том числе) для очень легких частиц ментального и будхического Планов не остается места и они отдаляются от химических элементов. Это и есть – состояние «сна».

В наших, человеческих, телах и телах животных пигмент меланин защищает химические соединения клеток от чрезмерного перегрева и распада. Железы гипофиз и эпифиз при помощи гормонов регулируют процессы концентрации меланина с образованием гранул и его рассеяния в цитоплазме. Гормон гипофиза способствует рассеянию меланина. В результате кожа и оболочки внутренних органов приобретают темный цвет – приобретают загар. *Ведь вещества темного цвета обладают меньшими Полями Притяжения.* А значит, слабее притягивают (аккумулируют) фотоны (и другие частицы) из окружающей среды. *Когда мы загораем, мы, тем самым, окрашиваем тело в темный цвет. В итоге, тело начинает накапливать меньше солнечной энергии и не перегревается так, как это происходило бы при более светлой окраске.*

Гормон эпифиза способствует концентрации меланина. В итоге – кожа и оболочки внутренних органов осветляются. А *светлое вещество обладает большим Полем Притяжения, вследствие чего способно аккумулировать больше фотонов.* А это как раз то, что необходимо организму в условиях недостатка поступления солнечного света – в холодном климате и в холодные сезоны. Поэтому *исчезновение загара и побледнение кожи – это ее осветление. Это как раз то, что нужно организму, чтобы накапливать больше солнечной энергии.*

Так что функция меланина заключается вовсе не в защите от ультрафиолета путем его поглощения. Все вещества в целом очень неплохо поглощают УФ излучение, не только меланин. Ведь УФ фотоны располагаются ниже на шкале частот электромагнитных волн, нежели фотоны, образующие основную часть солнечного излучения. Эта физическая шкала совпадает с эзотерической Шкалой Стихий, на которой можно в последовательном порядке расположить все существующие типы элементарных Энергетических Центров (элементарных частиц). На этой Шкале частица располагается тем ниже, чем меньше она творит эфира в единицу времени, и чем больше разрушает. Соответственно, на этой Шкале Стихий УФ фотоны располагаются тоже ниже, чем, например, видимые фотоны, как и на электромагнитной шкале. А значит, Сила Инерции УФ фотонов меньше, чем таковая у видимых фотонов, и еще меньше, чем у ИК, и уж гораздо меньше, нежели у радио фотонов. А чем меньше Сила Инерции, тем лучше притягиваются и аккумулируются фотоны химическими элементами вещества.

Все это отступление было сделано для того, чтобы показать, что УФ фотоны в любом случае притягиваются любым веществом лучше, нежели видимые, ИК и радио фотоны.

Вернемся к меланину. *Его функция – защищать организм…, но не от ультрафиолета (хотя и от него тоже), а от перегрева в целом. От перегрева солнечной энергией – любой.* От перегрева любыми видами фотонов, достигающих поверхности Земли, где мы и обитаем.

Различные географические зоны Земли отличаются друг от друга суммарным количеством солнечного света, падающего на земную поверхность в течение года. Соответственно и тела людей, проживающих в разных климатических условиях получают разное количество солнечного света. Поэтому люди разных климатических условий отличаются друг от друга цветом кожи, волос и радужных оболочек. Именно поэтому людям со светлой кожей слишком жарко в тропических странах, а людям с темной – слишком холодно в приполярных областях.

Мелатонин – это гормон, заставляющий меланин концентрироваться. Т.е. мелатонин «осветляет» покровы тела. Если мы искусственно вводим в тело мелатонин, например, в виде инъекций, то это служит для организма своего рода сигналом для «впадения в спячку» — настали холодные времена и пора уменьшить активность, т.е. заснуть. Ведь обычно мелатонин синтезируется ЦНС, именно когда холодает. А организм не делает различий между естественно выработанными внутри него веществами, и искусственно введенными. Потому и засыпает. Так что не случайно мелатонин используется как одно из средств при борьбе с бессонницей.

35. ФУНКЦИЯ ГЕМОГЛОБИНА И ХЛОРОФИЛЛА

Функция гемоглобина – вовсе не транспорт кислорода к тканям. Кислород в альвеолах легких просто растворяется в крови, также как он растворяется, например, в воде. По мере продвижения крови от легких к тканям, все больший процент кислорода соединяется с железом гемоглобина, отдает свободные частицы и охлаждается.

Хлорофилл в клетках растений выполняет ту же функцию, что и гемоглобин в крови животных и людей – перераспределяет свободные частицы. Магний в молекуле хлорофилла – активный металл. Как и железо в гемоглобине, он отнимает свободные частицы у углекислого газа и воды, поступающих в клетки растения. И затем эти же самые частицы он передает тем же самым молекулам углекислого газа и воды. Но теперь они уже интегрируются в их молекулы в местах соединения углерода и кислорода (в углекислом газе) и водорода и кислорода (в воде). В результате периферические частицы углерода выталкиваются из «щелей» кислорода и молекула углекислого газа распадается. А периферические частицы водорода выталкиваются из «щелей» кислорода и молекула воды также распадается. В то же самое время, в тех местах углерода и кислорода бывшей молекулы углекислого газа и водорода и кислорода воды, где магний забрал свободные частицы, ослабевает эффект экранирования, масса элементов возрастает. Можно сказать, что эти «места» элементов идеально подходят для образования новых соединений. Растение это и делает. Формирует из таких охлажденных точечным образом элементов углерода, кислорода и водорода (а также азота, фосфора, серы и остальных необходимых элементов) всевозможные виды органических соединений.

36. ЭКОНОМИЯ ЭНЕРГИИ?

Зачастую в научной и научно-популярной литературе можно встретить следующее объяснение медлительности тех или иных животных или людей: *«они тем самым экономят энергию»*. В действительности, *медленные движения позволяют животным и людям экономить не энергию, а «топливо»* — химические соединения, из которых построены их тела.

37. ЭНЕРГИЯ, ДЫХАНИЕ И НАРКОТИКИ

В человеческом сообществе и в животном царстве очень «ценится» возбужденное (энергичное) состояние организма. Возбужденный организм легко и быстро движется, хорошо ориентируется в складывающихся обстоятельствах и быстро принимает верные решения, храбро борется с конкурентами (т.е. с врагами). Человека, чей организм находится в таком возбужденном состоянии, называют «энергичным». Как мы помним, «энергия» в наши организмы поступает двумя путями – через кожу и с вдыхаемым кислородом. В результате температура и масса элементов тела растет. Организму становится легче перемещаться относительно гравитационного поля Земли.

Механизм действия всех известных наркотических средств различен, но объединяет их одно и тоже – они стимулируют симпатическую нервную систему, повышая тем самым уровень «энергии» в организме. Организм начинает перевозбуждаться – все метаболические процессы протекают очень быстро. Разреженная среда нервных волокон и нервных клеток позволяет передавать световые (нервные) импульсы очень быстро и при этом их яркость возрастает. Это состояние и называется *эйфорией*.

38. УТОМЛЕНИЕ

Утомление возникает тогда, когда в клетках накапливается значительное количество продуктов распада. После работы, в процессе которой требовалось мышечное напряжение, и следовательно, в организме был высок уровень активности симпатической ВНС и процессов распада (катаболизма), клеткам требуется отдых. Т.е. время и условия, при которых будет активна парасимпатическая ВНС и в организме будут преобладать процессов синтеза (анаболизма) – восстановление разрушенных структур. Для клеток не опасна потеря углеводных и жировых включений, но опасно разрушение клеточных структур и белковых соединений, выполняющих важные функции по регуляции обмена веществ (ферментов, иммуноглобулинов и пр.).

Утомляться (уставать) могут как отдельные органы, так и весь организм в целом. Чрезмерное преобладание процессов распада вызывает боль.

39. УВАЖЕНИЕ

Уважение – это подчинение более старшему, более опытному, более сильному, более умному – т.е. человеку более высокого «ранга».

Большая часть человеческого социального поведения основана на уважении – т.е. на подчинении. Мужчины пользуются большим уважением, чем женщины. Это уважение базируется на страхе перед физической силой. Людей зрелого возраста, ближе к пожилому, уважают за их опыт и знания. Это уважение базируется на желании получить знания, которыми богаты многоопытные пожилые люди.

40. ПРИЧИНЫ ТОШНОТЫ ПРИ ВИДЕ КРОВИ

Тошнота свидетельствует о перевозбуждении парасимпатической ВНС. Это состояние мы называем «страхом». Уровень «энергии» в организме падает, работа систем органов тормозится, в том числе и желудочно-кишечной. Еда не может просто храниться в ЖКТ, не перевариваясь. В этом случае она подвергается процессам брожения и гниения под влиянием расщепления микроорганизмами. Многие выделяемые ими вещества очень токсичны для организма. Поэтому непереваривающаяся еда в ЖКТ опасна для организма. И она выбрасывается из тела в виде рвоты. А рвоте всегда предшествует тошнота. Когда мы видим кровь раны, или отрезанные части человеческих или животных тел, нам становится страшно, и нас начинает тошнить, вплоть до рвоты.

Состояние страха сопровождается и другими физиологическими реакциями. Но мы их уже перечисляли.

41. СМЕХ, УЛЫБКА, СЛЕЗЫ И ДРУГИЕ РЕГУЛЯТОРЫ МЕТАБОЛИЗМА ОРГАНИЗМА

1) Смех.

Человеческий смех ведет свое происхождение от «уханья» обезьян. А улыбка – от звериного оскала. Схожую мысль о происхождении улыбки я нашла в книге Флойда Блума «Мозг, разум и поведение».

«Уханье» и «оскал» — это способы возбуждения симпатического отдела ВНС. Симпатическая ВНС увеличивает запасы «энергии» в организме, что необходимо для борьбы или бегства. Ухая (или смеясь) животное (или человек) выталкивает из легких при помощи диафрагмы и брюшного пресса «застоявшийся» воздух, уже бедный кислородом. После выдоха организм всегда автоматически осуществляет вдох. Иначе не бывает. Поэтому уханье (или смех) можно рассматривать как произвольные выдохи «не по расписанию». После выдоха должен следовать вдох, поэтому организм вдыхает порции «свежего» воздуха взамен выдохнутого во время смеха (уханья). «Свежий» воздух всегда содержит больше свободного кислорода, чем выдыхаемый. Дополнительно поступающий во время смеха (уханья) кислород повышает уровень «энергии» в организме, что стимулирует процессы катаболизма и активизирует все системы органов. Смех «подымает настроение» — возбуждает организм.

Диафрагма ритмически сокращается и расслабляется, массируя органы грудной клетки – сердце и легкие. Результат – увеличение ЧСС. Процессы увеличения ЧСС и расширения бронхов взаимосвязаны.

Таким образом, смех можно рассматривать в качестве дополнительного средства повышения уровня «энергии» в организме путем стимуляции дыхательной системы.

----

2) Улыбка.

Правилом хорошего тона является улыбка при встрече с другими людьми. Это тоже наследие царства животных. Хищники и приматы также скалятся, встречая чужаков. Во время улыбки (или оскала) мимическая мускулатура активизируется. Длительная активизация любой произвольной мускулатуры невозможна без значительного уровня возбуждения симпатического отдела ВНС. Поэтому, просто улыбаясь, мы уже смещаем баланс организма в сторону симпатического отдела ВНС. Когда человек движется (идет, бежит, прыгает, танцует), когда он говорит, или же когда он занят деятельностью, требующей значительного мышечного усилия, ему легко улыбнуться. Серьезность (отсутствие улыбки на лице) характеризует людей, которые возбуждены (полны «энергии»), однако стремятся «обуздать» свою симпатическую ВНС и уравновесить ее с парасимпатическим отделом.

----

3) Слезы – это механизм, позволяющий уменьшить внутричерепное давление в моменты повышения кровяного давления. Слезы – это предохранительный, защитный механизм для кровеносных сосудов головного мозга, оберегающий их от чрезмерного расширения. Чем больше артериальное давление, тем больше внутричерепное давление, и тем больше жидкости вытекает через слезные каналы.

----

4) Позы подчинения. Все позы подчинения в животном мире связаны со сжатием грудной клетки. Поджимая ноги или лапы, животное или человек уменьшает объем грудной клетки, а значит, и объем легких. В результате, в кровь поступает меньше кислорода. В итоге, организм получает меньше «энергии», что ведет к ослаблению процессов распада. Организм успокаивается, охлаждается, выключается из борьбы, цепенеет. Позы подчинения имитируют смерть животного. В турнирах самцов погибший соперник игнорируется. Не все хищники интересуются падалью. Таким образом, искусственно создаваемое временное уменьшение объема – это механизм самосохранения организма, в условиях, когда бегство невозможно или невыгодно.

Люди поджимают ноги, опускают плечи, сутулятся, когда стремятся «выйти из борьбы», нуждаются в покое, защите, утешении и прочем. Эта поза характерна для стариков и больных людей. У женщин также очень часто можно наблюдать опущенные, покатые плечи и несколько сутулую спину.

Уменьшение объема легких стимулирует процессы синтеза в организме, т.е. восстановление и сохранение структур организма.

В женском организме уменьшение объема легких при помощи такой позы приводит к преобладанию процессов анаболизма (синтеза), что благоприятно для вынашивания детей. Осанка не является главным регулятором метаболизма. Основную роль, конечно, играют гормоны. Осанка представляет собой дополнительный регуляторный механизм. Например, окислительные процессы в мужском организме всегда протекают интенсивнее, чем в женском. Однако и мужчина может вести себя спокойнее, если «возьмет себя в руки», т.е. обхватит руками плечи или несколько ссутулит спину. А женщина может стать смелее, если «гордо» расправит плечи и выпрямит спину.

----

5) Галстук на шее — как стать джентльменом.
Можно считать, что одним из способов уменьшения уровня энергии в организме, а значит, и степени возбужденности организма, является привычка воспитанных, интеллигентных, деловых мужчин носить на шее галстук. таким образом мужчина сам себя превращает в джентльмена — т.е. в мягкого, спокойного. А все потому, что происходит искусственное сжатие трахеи, что уменьшает приток кислорода, который, как известно, является для организма источником энергии.

42. СПЕЦИАЛИЗАЦИЯ — ПРИЧИНА РАЗНООБРАЗИЯ ЧЕЛОВЕЧЕСКИХ ТИПОВ

Все разнообразие психофизиологических типов мужчин и женщин сформировалось и формируется до сих пор как результат стремления человеческих особей наилучшим образом приспособиться к условиям среды обитания. Строение человеческого тела (как и тела растения или животного) напрямую связано с особенностями метаболизма. А метаболизм является отражением образа жизни человека.

Наиболее ярко различия строения и метаболизма человеческих организмов проявляются на уровне полов. Женские организмы не очень хорошо приспособлены для выполнения «мужских» целей и задач. Главным образом, для борьбы (с кем угодно). И наоборот. Мужские организмы плохо подходят для выполнения чисто «женской» программы. А именно, для рождения и воспитания детей.

Но и в границах одного пола люди могут разительно отличаться друг от друга. Приспосабливаясь к существованию в каких-либо условиях, к занятию определенной деятельностью, строение и метаболизм человеческого организма изменяется. Или иначе можно сказать, специализируется.

43. ДЛЯ ЧЕГО НУЖНО ПОЛОВОЕ РАЗМНОЖЕНИЕ

Растения могут размножаться вегетативно.

Но для чего им тогда половой размножение? Зачем тратить на это силы, если можно просто отпочковать веточку?

Половое размножение — это процесс, помогающий ускорять эволюционное развитие новых особей, рождаемых в ходе полового процесса. Растение или животное женского пола берет информацию у мужского организма, надеясь, что то даст массу новых приспособительных признаков, которые сделают новый организм еще более успешным, еще более продвинутым.

ЧАСТЬ 2
ВСЕ О ПРАНОЕДЕНИИ

01. СЕКРЕТ ПРАНОЕДЕНИЯ – ВНУТРЕННИЙ БИОСИНЕТЕЗ

На днях завершила 12-дневное голодание. Это был удивительный опыт. Примерно на 7-ой день я ощутила, что всепоглощающая слабость немного отступила, сознание стало очень ясным и язык очистился. С этого времени и до конца голодания сознание таким и оставалось. Я очень похудела и все еще была очень слаба. И при этом необходимость вынуждала не прекращать повседневные дела. На протяжении всего срока голодания я постоянно стремилась постичь суть процессов, происходящих в это время со мной и во мне. Медитировала и настраивалась на постижение механизма праноедения и старалась узнать побольше конкретных деталей относительно перехода на неедение. На шестые сутки после начала голодания начала поступать информация. Из того же источника, что и всегда до этого – мыслеобразы Вознесенного Мастера Трансгималайской Школы Джуал Кхула. И я стала готовить и записывать материал для статьи, которую вы сейчас читаете.

Праноедение – это состояние организма, при котором он не потребляет извне ничего, кроме праны – энергии, духа, эфира, разлитого повсюду в Пространстве. Ни пищи, ни воды. У этого понятия есть немало синонимов – бретарианство (жизнь только за счет дыхания), солнцеедение (питание за счет энергии Солнца), неедение, инедия, голодание (сухое). Последний термин – голодание – мы ставим в этот же ряд. Однако, к примеру, между человеком, первый раз осуществляющего голодание, и праноедом – человеком, голодавшим не раз, есть немалая разница. Схожее между ними лишь то, что оба не потребляют пищи и воды.

Пришло время перевести процесс перехода на праноедение с позиции веры и голого энтузиазма на научную основу. Ни сколько не погрешу против истины, если скажу, что это наиважнейшая мировая задача, стоящая перед человечеством и Сверхчеловечеством (Шамбалой). Цель человечества – осознать эту стоящую перед ним задачу и успешно решить. Цель Сверхчеловечества – помочь людям преодолеть данный рубеж. Что позволит Земле в целом совершить гигантский эволюционный скачок за счет возникновения существ с новым типом метаболизма.

Начнем.

Основная идея механизма праноедения заключается в следующем.

Организм при определенных условиях включает внутри себя процесс **внутреннего биосинтеза** органических молекул (любых необходимых) из углекислого газа, воды и азота. Дополнительные микроэлементы в него поступают с водой, встраиваются в тело (в состав наиболее долгоживущих молекул, например, таких, как белки) и после этого уже не выводятся, а так и остаются в теле навсегда, пока оно существует.

В отличие от распространенных ныне теорий, в которых механизм праноедения объясняется построением тела из праны, Света, разлитого повсюду, мы объясняем неедение именно внутренним биосинтезом сложных органических молекул из более простых. Мы не разделяем представлений вышеупомянутых концепций, допускающих возможность синтеза вещества тела из энергии (праны, света). Если вы помните, мы противники идей А. Эйнштейна, провозглашающих взаимопревращение энергии и массы (не всех, но в целом).

Обязательно хочу упомянуть нашего, российского практика и теоретика голодания и здорового образа жизни, **Геннадия Петровича Малахова.** И его уникальную работу, посвященную этим вопросам – **«Голодание»**. Он одним из первых стал утверждать и пропагандировать тезис об усвоении в процессе голодания углекислого газа и азота из воздуха, как это происходит у растений в ходе фотосинтеза. Когда я начала голодать этим летом, сразу же вспомнила об этой книге.

Привожу цитату:

«Академик М. Ф. Гулый, а также зарубежные ученые отмечают, что при изменении кислотно-щелочного равновесия в сторону кислой среды ускоряются процессы усвоения клетками углекислого газа. По законам химии кислая среда плазмы крови легче отдает, а клетки крови и клетки кровеносных сосудов более активно в этот период поглощают растворимый в крови углекислый газ.

Работами профессора М. И. Волского и его последователей установлено, что усвоение клетками азота воздуха также ускоряется при изменении кислотно-щелочного равновесия крови в сторону кислой среды. Таким образом, азот наряду с углеродом, более активно насыщая клетку, способствует улучшению биосинтеза в ней белковых и других соединений.

Доказано, что углерод из углекислого газа в клетке преобразуется в углерод органических веществ (Х.-А. Кребс, Эванс и др.), а две молекулы кислорода при использовании клеткой углекислого газа дают организму дополнительную энергию.

Качественный и количественный синтез нуклеиновых кислот (из них состоит генетический аппарат клеток), а также аминокислот и других биологически активных веществ, тканей организма человека прямо пропорционально зависит от процесса усвоения клетками растворимого в крови углекислого газа. У молодых людей этот биосинтез более совершенен и, следовательно, качественнее, нежели у стариков. Наиболее совершенный биосинтез у человека-долгожителя, хуже – у людей, рожденных с дефектным генетическим аппаратом, а также у хронически больных.

При голодании в условиях изменения кислотно-щелочного равновесия в сторону кислой среды клетки человека начинают усиленно усваивать углекислый газ и азот, приближаясь к уровню усвоения этих веществ клетками растений. Это и есть полноценное эндогенное (внутреннее)питание.

При полном исключении на период голодания продуктов питания вначале происходит усиленное расщепление собственных жировых запасов организма на составные части. В первую очередь из жира образуются ненасыщенные (жидкие жирные кислоты). В их числе имеются так называемые высокомолекулярные ненасыщенные жирные кислоты, которые являются основой многих витаминов, гормонов и других биологически активных веществ. Поэтому клетки организма их незамедлительно используют в своих, необходимых для жизнедеятельности целях. Конечными продуктами распада жира является ряд органических кислот, которые объединяются одним термином – кетоновые тела . Кроме того, как и при распаде любой ткани, образуется углекислота, которая усваивается клетками в форме углекислого газа или выделяется наружу через легкие. Эти конечные продукты распада жира, попадая в кровоток, изменяют его кислотно-щелочное равновесие в сторону кислой среды. Ацидоз улучшает процесс потребления углекислого газа клетками, то есть усиливает биосинтетический эффект. Кетоновые тела более качественно усваиваются организмом, преобразуясь в важные белковые и небелковые структуры. При этом исчезают понятия «незаменимые аминокислоты», «дефицит пищевых витаминов, белков» и т. д.

Таким образом, регулируемый самим организмом ацидоз обеспечивает совершенное питание и энергоснабжение человеческого организма. Характерно, что после первого ацидотического пика больные начинают терять в весе значительно меньше. Если при умеренном двигательном режиме человек в первые дни теряет по 1 кг веса, то после ацидоза– по 50—150 г. Это объясняется биосинтезом, который обеспечивает эффект плюс энергию» (Г.П. Малахов, «Голодание», Усвоение углекислого газа и азота из воздуха. Эндогенное питание).

А теперь *о факторах, способствующих переходу на праноедение*:

1) Высокий уровень энергии в организме. Иначе будут плохо расщепляться CO_2 и H_2O.

Естественный поставщик энергии в организм - это дыхание. Прана поступает с каждым вдохом. Кислород в молекуле гемоглобина отдает свободные, аккумулированные им солнечные фотоны железу. После этого эти фотоны (уже как электроны, поскольку медленные фотоны – это электроны) по цепи дыхательных ферментов поступают на АТФ, превращая ее в АДФ и АМФ – так и происходит накопление энергии, в виде свободных фотонов, испускающих энергию.

Для повышения уровня энергии хорошо подходит сухое голодание.

Вода понижает уровень энергии, поглощая энергию. А хомяки, кстати, вообще почти не пьют. Но это к слову.

Однако излишний уровень энергии также не способствует биосинтезу. Ведь синтез предполагает действие гравитации. А когда частиц с Полями Отталкивания в организме слишком много, Поля Притяжения ослабляются.

В дальнейшем я укажу в числе советов, каких ситуаций и факторов избегать, чтобы не перенапрягать организм.

2) Мало жира в организме.

В противном случае организм будет есть свой жир.

3) Прекращение поступления пищи в организм в данный момент.

Не вообще, а именно в данный момент, когда вы хотите, чтобы в вашем теле протекал внутренний биосинтез.

Вот эти три фактора автоматически запускают внутренний биосинтез.

И все, больше ничего не надо изобретать. Организм все сделает сам.

Советы:

1) Семидневное сухое голодание, которое рекомендует Джасмухин в качестве процесса, подготавливающего организм к неедению, отлично сжигает жировые запасы, поднимает уровень энергии и перенастраивает тело на внутренний биосинтез. Однако требуется немалая сила воли, чтобы вот так сразу, осилить такой период без пищи и воды. Это путь для сильных и подготовленных. Для остальных лучше подойдет плавный переход.

*2) **Нельзя во время перестройки организма использовать искусственные стимуляторы, повышающие уровень энергии в организме.*** Женьшень, кофеин, никотин, алкоголь и прочие возбуждающие. Они способствуют излишне быстрому, а главное бесконтрольному, подъему энергии, что влечет за собой разрушение тканей и органов. Человек в каждый момент времени должен контролировать свою энергию.

*3) **Избегать бесконтрольного проявления отрицательных эмоций*** – гнева, страха. Эти эмоции связаны с выработкой в теле гормонов коры надпочечников – норадреналина и адреналина, которые стимулируют работу сердечно-сосудистой и дыхательной систем организма. А значит, ведут к повышению в организме уровня энергии. А избыток энергии, как уже говорилось, плохо сказывается на биосинтезе.

*4) **Избегать излишнего воздействия холода.***

Холод стимулирует работу сердечно-сосудистой и дыхательной систем. В итоге. В организм поступает избыточное количество кислорода. А вместе с ним и энергии.

*5) **Человек должен миновать период полового созревания.*** Половые гормоны насыщают организм энергией. Есть предположение, что сама молекула гормона – мужского или женского – насыщает тело энергией, потому что содержит избыток кислорода. Точнее, его процентное содержание в молекуле по отношению к другим химическим элементам велико. А кислород, как известно, мощный окислитель – т.е. поставляет много энергии.

Избыток энергии, как уже говорилось, для биосинтеза тоже вреден. Возможно, поэтому окончательный переход на праноедение следует совершать после 25 лет, когда пик полового созревания миновал.

6) Если это женщина, то она не должна быть в состоянии беременности на момент перехода или кормления грудью. Это не означает, что она не может тренировать свое тело и приучать его к питанию соками. Может и должна. Однако и плод, и она сама нуждаются в поступлении самых разнообразных химических элементов. Поэтому она должна продолжать потреблять те продукты, которые ей хочется, которые просит ее организм.

7) Следует избегать потребления соли и сахара, поскольку они излишне перенапрягают организм, способствуя слишком быстрому и бесконтрольному сгоранию его тканей. Еще они задерживают в организме воду, и стимулируют жажду. А вода, как уже говорилось, снижает уровень энергии в теле. Плюс к этому – формируют в кишечнике вредную микрофлору.

8) Не употреблять высококалорийных, легкоусвояемых продуктов животного и растительного происхождения (мясомолочную еду, выпечку, рыбу, яйца и прочее). Они создают вредную микрофлору. А также легко формируют в организме запасы жира. Идеальный вариант – питание свежими фруктами и овощами. А еще лучше – фруктовыми и овощными соками. Когда ложишься спать – кишечник должен быть пуст, это лучше всего. Тогда, как минимум, у вас будет протекать ночной внутренний биосинтез. От свежевыжатых соков он будет очищаться самостоятельно.

9) Когда человек находится еще на стадии перехода на неедение, он должен насыщаться той пищей, которую он ест (или пьет) в то время, когда он питется. А после приема пищи он должен входить в состояние голода, не потребляя более ничего, включая воду, и находиться в таком состоянии до следующего приема пищи.

Основная ошибка *анорексиков* заключается в том, что они в течение суток едят мало. Выделяют себе какой-то крошечный объем пищи, зачастую твердой, растительной или животно-растительной. И клюют ее в течение дня, постоянно испытывая чувство голода. Т.е. они не дают своему организму войти в состояние голода, они его прерывают приемом малюсеньких порций пищи. Это неверный подход!

Человек, переходящий на неедение, в отличие от анорексика, будет испытывать чувство насыщения той едой, которую он ест. Наевшись, он прекращает есть и пить до следующего приема пищи. Эти периоды он может постепенно увеличивать. Именно в эти периоды неедения в его организме и протекает биосинтез, в ходе которого строятся из CO_2, H_2O и азота (плюс микроэлементы) все необходимые ему органические вещества. Этот биосинтез как раз и не дает ему умереть с голода и не истощает его организм. Скорее наоборот, омолаживает.

Как вы помните, сухое голодание очень сильно повышает уровень энергии в организме. Происходит это вот почему.

Вода обладает свойством понижать уровень энергии, поглощая ее, поскольку содержит водород – самый легкий из известных металлов. Доказательство того, что водород – это металл, его блеск, когда он в составе воды и других жидкостей. Из твердых веществ блестят только металлы и вещества, содержащие металлические химические элементы.

Поэтому когда мы что-то пьем, мы снижаем уровень энергии в теле, что не способствует биосинтезу. У нас ведь нет в организме для фотосинтеза таких молекул, как хлорофилл. Поэтому для расщепления углекислого газа и воды нужна высокая температура в теле. АТФ должны накапливать много энергии (свободных фотонов). Когда среда разреженная, ее легче нагревать (при этом она становится еще более разреженной). Если человек не ест и не пьет, вода и пища не забирают себе энергию (как это обычно происходит у человека, когда он поел и попил).

10) Может быть вы слышали о том, что зодиакальный знак Козерога – это знак Посвященных?

Но почему так? В чем причина?

Объяснение очень простое.

Козерог – это человек, чей уровень энергии в теле меньше, чему всех остальных знаков Зодиака. Я сама Козерог, и могу подтвердить, что это так. Энергии маловато. Однако именно этот факт позволяет Козерогам обходиться очень малым количеством пищи без особого вреда для организма. Если другие знаки из-за мощных энергий, циркулирующих в их телах, и разрушающих их, вынуждены постоянно подкрепляться – заправлять топливо, Козерогам требуется совсем немного, чтобы испытать чувство сытости. Козерогам просто не есть. Легче остальных они могут довольствоваться малым. А это большое преимущество в процессе перехода на неедение.

Затем идут Дева и Телец. Вспомните. Христос родился под знаком Козерога, а Будда – под Знаком Тельца. Дальше идут Водные знаки – Рыбы, Скорпион и Рак. Раку требуется больше еды из них всех. Потом воздушные знаки – Водолей, Весы и Близнецы. Последние – самые «прожорливые» из этой троицы. И, наконец, огненные знаки нуждаются в наибольшем количестве пищи, поскольку процессы сгорания у них очень сильны. Стрелец, Лев, Овен – в таком порядке располагаются знаки по уровню энергии в порядке роста. И соответственно, аппетит у них такой же.

Отсюда следует вывод. В процессе перехода обязательно следует учитывать особенности физиологии и зодиакальный знак (который очень сильно влияет на физиологию).

11) У мужчин процессы сгорания протекают гораздо интенсивнее, чем у женщин. А потому женщинам без пищи жить проще.

Однако из социального мироустройства именно женщины чаще и больше всего контактирую с пищей – им надо кормить семью. Выход – мужчинам освобождать женщин от готовки, подменять их почаще. Помогать. Надо стремиться употреблять простую, естественную пищу, не требующую приготовления – фрукты и овощи. В сыром виде.

Но почему же тогда человек не может вот так, сразу, начать сухое голодание, и за одну неделю стать праноедом? Почему он нестерпимо хочет есть и пить? Худеет. И даже может умереть.

Ну, во-первых, не забывайте про детоксикацию организма. Обычный человек имеет в теле достаточно жира (иногда очень много) и немало шлаков и токсинов. Кроме того, у него обычно существуют в теле различные болезнетворные очаги. Во время голода все это – токсины, шлаки – выделяются в кровь. Организму требуется вода, чтобы выводить их. А также нужно время, чтобы убрать лишний жир и исцелить болезни. За одно единственной семидневное голодание всего этого не сделать, организм не перестроить. Вот поэтому длительный, плавный процесс перехода на праноедение медленно, но неуклонно изменяет, трансформирует, преображает организм. Каждый период голодания без воды дает организму определенное количество органики, синтезированной самим телом. У тела есть белковый каркас – он менее других соединений – углеводов и жиров – разрушается энергией (праной) в ходе дыхания. Однако и он обновляется. Обновляется и ДНК. Когда все тело человека будет состоять только из молекул, построенных самим организмом, можно считать, процесс *Преображения* завершенным. Тело Христа построено. Храм Господа готов. И вот в такое новое тело, в эти «новые мехи» вольется «молодое вино» - тела сущностей высших Планов присоединятся к такому телу – и человек станет Махатмой – Великой Душой, объединяющей в себе все 6 Планов Вселенной. Такому процессу подвергли свои организмы и Иисус Христос, и Будда, и другие Вознесенные Учителя.

Добавлю еще собственное наблюдение.

Обычно я не ем после 18 часов, изредка – после 19. В течение 2-х лет (2010-2011) я в основном ела 1 раз в день, и преимущественно свежие фрукты и овощи (иногда кашу из цельного зерна без соли и сахара). После 13 часов не ела. И не пила. Удивительно, но каждое утро, после такого голодания, длительностью пол дня и ночь, я ощущала во рту интересный вкус. Это было диковинное вкусовое ощущение, очень нежное, приятное, бархатистое. Такой вкус не имеет ни одна еда, из тех, что я пробовала. Сразу же, как этот вкус стал появляться, я вспомнила о мироточении икон. Миро - это вещество углеводородного состава, берущееся словно из воздуха, в местах духовной силы – в церквях. Я подумала, что этот вкус – это вкус вещества, подобного миро. Человеческие воли в церкви своим духовным устремлением заставляют синтезироваться вещество из углекислого газа и воды воздуха. И такой же биосинтез я наблюдала в своем теле. При этом самочувствие после таких ежедневных голоданий было замечательным.

Основную информацию я уместила в этой статье. Если в дальнейшем узнаю еще какие-то конкретные детали, обязательно расскажу.

Надеюсь, вы нашли в этой статье полезное для себя.

Удачи вам и стойкости. А еще радости на пути Великого Перехода!

02. БЛАГАЯ ВЕСТЬ

Полагаю, что наилучшей новостью из всех возможных было бы сообщение вести о том, что отныне каждый из нас и все наши близкие люди будут лишены необходимости болеть и умирать. Особенно это касается тех, кто болен и немощен, а также тех, кто потерял кого-то из своих родных и друзей.

Помимо этого, мы сможем навсегда возобладать над законом гравитации.

Уверенно можно утверждать, что большинство библейских притч иносказательно повествует о трансформации метаболизма человеческого организма и переходе человека в сверхчеловеческое состояние. В истории нынешнего земного человечества самый яркий *публичный пример* такого преображения – это, несомненно, Иисус Христос. Я не зря сделала акцент на словах «публичный» и «на Земле». Дело в том, что на Земле Иисус Христос не единственный человек, ставший сверхчеловеком. Существуют и другие прецеденты, о которых общей массе человечества ничего не известно. *«Вознесенные Учителя»* - вот те, кто уже преобразился и перешел в *Царство Небесное*, *«вознесся»* - т.е. преодолел закон гравитации и стал полноправным и свободным жителем Вселенной, которому доступны любые уголки Космоса. А достижение Христа можно рассматривать в качестве своего рода «демонстрационной версии». На его примере обычные люди впервые могли увидеть, новые свойства и возможности организма, перешедшего в новое состояние метаболизма.

Что касается притч Библии, рассказывающих о процессе трансформации, то давайте перечислим наиболее известные из них. Это притча о рабстве израильского народа в Египте, с последующим исходом евреев в Землю Обетованную, в Новый Иерусалим. А также притчи об Аврааме и Саре, об Исааке и жертвенном агнце; о Ное, ковчеге и Всемирном Потопе; о Вавилонской башне. В Новом

Завете все четыре Евангелия посвящены этому, а также Откровение Иоанна Богослова.

03. БЕССРОЧНОЕ ГОЛОДАНИЕ

А теперь давайте поговорим о результатах голодания Христа.

В любом Евангелии Нового Завета вы найдете повествование о сорокадневном пребывании Христа в пустыне. Думаю, слово «пустыня» следует понимать не буквально, а как указание на уединение Христа. Иисус вовсе не был 40 дней в песках, под палящим Солнцем. Он просто на это время отдалился от людей. Это и понятно. Человеку, доводящему себя до истощения, трудно выполнять

какую-то работу. И окружающие могут просто не понять, что происходит с человеком. Например, принять его за умирающего (что, в принципе, недалеко от истины).

После 40 дней голода он «взалкал», т.е. нестерпимо захотел есть. «И, постившись сорок дней и сорок ночей, напоследок взалкал». (Евангелие от Матфея 4:2) Как раз здесь и сокрыта разгадка самой важной тайны Библии!

Ни в одном Евангелии не говорится, что после того как к Христу пришло это неодолимое чувство голода, он снял с плеча суму и за один миг съел всю предусмотрительно захваченную им с собой в дорогу еду. Ничего подобного не было. Думаю, что в его «планы» не входило проголодать только 40 суток. Он голодал «в бесконечность». Это означает, что его намерением было не голодать какой-то определенный срок, а голодать до достижения определенного желаемого результата. Сигнал, оповестившие его о преддверии необходимых перемен в метаболизме организма – появление всепоглощающего чувства голода.

В конце голодания в теле Иисуса Христа произошел необходимый метаболический «переворот». Отчаявшись получить пищу через рот, организм пошел на крайние меры, спасая себя. Были «разбужены» дремавшие гены, наследие растительного царства, ингибируемые в обычном состоянии у людей и животных. В результате их активизации в организме Христа начался синтез органических веществ из углекислого газа и воды. Но при этом не исчезло и завоевание животного царства – расщепление органических соединений при помощи «энергии», извлекаемой из вдыхаемого кислорода. *Метаболический цикл, поделенный в Природе между двумя царствами, растительным и животным, замкнулся в единое целое в одном существе.* Сверхчеловеческий организм Иисуса Христа перестал нуждаться в поступлении извне еды, воды и даже кислорода, потому что перестал терять углекислый газ и воду. И достаточное количество химических элементов кислорода, насыщенных «энергией», постоянно циркулировало в его крови, отдавая эту «энергию» по мере надобности, но постоянно получая столько же взамен как следствие протекания в организме процессов синтеза «органики» из углекислого газа и воды.

Иисус впоследствии рассказывал своим ученикам-апостолам о произошедших в его организме переменах. Но иносказательно, при помощи притч и аллегорий. Сверхчеловеческий организм он называл «новыми мехами» (Евангелие от Матфея, 9:16-17) и «новой одеждой», человеческий организм, соответственно, «ветхими мехами» и «ветхой одеждой» (Евангелие от Матфея, там же). А присоединяющиеся к химическим элементам коры головного мозга элементарные частицы Атмического и Монадического Планов (или иначе, тело «Ангельской» сущности) – «молодым вином» и «заплатой из небеленой ткани». Так же он говорил, что «…никто к ветхой одежде не приставляет заплаты из небеленой ткани; ибо вновь пришитое отдерет от старого, и дыра будет еще хуже. Не вливают также вина молодого в мехи ветхие; а иначе прорываются мехи, и вино вытекает, и мехи пропадают; но вино молодое вливают в новые мехи, и сберегается то и другое» («Евангелие от Матфея, там же). Говоря так, он подразумевал опасность для жизнедеятельности человеческого организма интеграции в нейроны его коры элементарных частиц двух высших Планов, поскольку в телах сущностей верхних Планов преобладают частицы с Полями Отталкивания,   т.е. испускающие эфир. Частицы с Полями Отталкивания, присоединяясь к химическим элементам, тем самым нагревают их, именно благодаря испускаемому ими эфиру.

Элементарные частицы Будхического Плана и без того постоянно побуждают людей все больше отрываться от земли, устремляться «в полет». Реальный – такой как полеты на ракетах в Космос. А также нереальный - странствия «на крыльях мечты и вдохновения», что конечно, прекрасно. Но существует также уход от действительности при помощи всевозможных видов наркотических веществ. И человечество основательно на них «подсело». Потому что даже такие привычные для нас чай, какао и кофе, не говоря уж о табаке и алкоголе, представляют собой вещества, изменяющие состояние сознания, пусть и не так сильно, как героин, кокаин, марихуана, ЛСД и прочие. Люди слишком жаждут при жизни соприкасаться с миром мечты, откуда мы выходим в момент рождения и куда возвращаемся после смерти. Различные виды поста и всевозможные диеты, способствующие снижению веса также действуют подобно наркотикам, но более безопасно при разумном применении. Они также помогают достичь необходимого возбужденного физиологического состояния организма, что стимулирует работу мозга. Спорт, физическая активность любого рода, танцы, любимая работа – все это различные способы достичь «гармонии Духа и Тела» и «ощутить Рай на Земле». Так что же, я спрошу Вас, произойдет с людьми, если на их метаболически нестабильные тела начнут непосредственно влиять сверхтонкие сущности с их высокими идеалами. Люди могут просто сойти с ума в прямом смысле. Ощущая безысходность от невозможности воплотить в реальность прекрасные устремления из-за ограничений, налагаемых бренными, несовершенными человеческими телами. Возможно, что в таком случае наркотики стали бы единственно возможным способом существования. А жизнь короткой, мучительной и бесполезной, вслед за которой следовал бы жуткая смерть от передозировки. Мы подвержены постоянным перепадам концентрации всевозможных веществ, постоянно поступающих с пищей.

Но для людей предусмотрен иной эволюционный выход. Его продемонстрировал для людей Иисус Христос. Где сейчас он сам? Я думаю, что «вознесясь», он тем самым преодолел земное притяжение и стал способен «лететь в Космос». Безвоздушное пространство теперь не преграда для его совершенного организма. То, что его тело неподвластно тлену, он доказал, воскреснув после смерти. Он может обитать теперь в любом уголке Вселенной, где захочет.

После окончания метаболической перестройки тело Иисуса возродилось к жизни на новом витке эволюционной спирали. Он стал сверхчеловеком. Все структурные элементы, которые потеряло его тело в процессе голодания, были немедленно восстановлены. После пережитого бессрочного голодания он стал лишен необходимости есть и пить. Его организм перестал терять химические элементы. Соответственно, отпала нужда постоянно восполнять их потерю. И начались чудеса.

То, как перестроил собственный организм Иисус Христос, проделал в свое время каждый из Вознесенных Учителей. *Просветление*, достигнутое Буддой в ходе его голодания под деревом равнозначно *Преображению* Христа.

04. ПРЕДУПРЕЖДЕНИЕ ОБ ОПАСНОСТИ БЕССРОЧНОГО ГОЛОДАНИЯ. АБСОЛЮТНЫЕ ПРОТИВОВПОКАЗАНИЯ

Бессрочное голодание является абсолютно неисследованной с точки зрения науки областью знаний. Во избежание человеческих смертей убедительно прошу вас не предпринимать самостоятельных попыток провести бессрочное голодание. Предварительно должна быть сформирована группа добровольцев, в которую желательно, чтобы вошли ученые и врачи, либо в качестве наблюдателей, либо в качестве участников. Однако при этом и те, и другие должны отдавать себе отчет в том, что состояние людей в дни, предшествующие «метаболическому переходу», может быть критическим, сопровождающимся галлюцинациями и неадекватным с точки зрения обычных людей поведением. Врачам придется держать себя в руках, чтобы не начать оказывать привычную медикаментозную помощь, так как иначе эксперимент прервется. Единственное, что им будет позволено – наблюдать.

Однако, скорее всего, все будет происходить неформально, без публичного освещения событий. И должна сразу добавить – так гораздо лучше. Поскольку человеческое общество будет очень противится этой идее. И возможно даже, что на тех, кто будет пытаться осуществить преображение своего организма, будут гонения, особенно на первых этапах. Ведь это очень опасно. А, кроме того, подрывает сами основы человеческого общества.

Идея бессрочного голодания, несмотря на то, что две тысячи лет назад его последствия публично продемонстрировал Иисус, настолько нова и шокирующа для человечества, что я предвижу жаркие дебаты и возражения со стороны тех людей, которые имеют прекрасное здоровье и чей материальный доход стабилен и неплох. Однако наибольший интерес к данному вопросу ожидается со стороны тех людей, кто испытывает физические или моральные страдания – безнадежно больных; тех, кто потерял горячо любимых близких.

Существуют абсолютные противопоказания для проведения бессрочного голодания. Часть из них приведена в Библии. В частности, в Евангелии от Матфея.

«Горе же беременным и питающим сосцами в те дни! Молитесь, чтобы не случилось бегство ваше зимою или в субботу; Ибо тогда будет великая скорбь, какой не было от начала мира доныне, и не будет. И если бы не сократились те дни, то не спаслась бы никакая плоть; но ради избранных сократятся те дни». (Библия, «От Матфея», 24:19-22).

Бегство в данном случае – это и есть бессрочное голодание. Другие названия-синонимы – *Преображение, Исход, Пасха, Спасение, Вознесение, Освобождение, Искупление, Просветление.* Все это выражения, характеризующие мощный эволюционный рывок человеческого организма. Эволюция как уже говорилось – это *«Вознесение Материи на Небо»*, *«Подъем Кундалини»*.

Совершенно исключено проводить бессрочное голодание женщинам, находящимся в состоянии беременности или кормления ребенка молоком. Причина проста. Организм женщины в это время имеет нестабильный химический состав из-за того, что постоянно теряет химические элементы. Во время голодания также происходит постоянная потеря химических соединений без их восполнения. Если беременная или кормящая женщина начнет проводить бессрочное голодание, ее организм будет терять органические соединения слишком быстро. А для того, чтобы организм перестроился, скорость потери им органических соединений не должна превышать какой-то предел. Оптимальная скорость устанавливается, видимо, при сорокадневном голодании (приблизительно) в жарком климате.

Вторым абсолютным противопоказанием является незрелость организма. Это означает, что *бессрочное голодание абсолютно недопустимо для детей, подростков и молодых девушек и юношей*. Для человека, не достигшего физической зрелости, подобный эксперимент может окончиться мучительной смертью от голода. В созревшем организме процессы катаболизма и анаболизма уравновешены. А чем моложе организм, тем больше в нем преобладают процессы катаболизма. Отсюда более быстрое сгорание всех органических соединений – т.е. слишком высокая скорость их потери. А как мы уже говорили, для успешного метаболического перехода, скорость потери органических соединений должна быть не выше определенного уровня.

Третье абсолютное противопоказание – это низкая температура окружающей среды. Высокая температура воздуха способствует снижению скорости потери органических соединений – т.е. уменьшению интенсивности процессов катаболизма. Это не означает, что зимой этого делать нельзя. Нет, просто необходимо будет находиться в теплом помещении. Поэтому все-таки наилучшие условия - это лето.

Просим вас, воздержитесь от непродуманных, основанных лишь на безрассудном энтузиазме поступков, касающихся проведения бессрочного голодания. Для человечества в целом эта тема является абсолютно новой и совершенно неисследованной. Неправильно проводимое голодание *смертельно опасно*. Поэтому вначале следует всесторонне исследовать данный вопрос и как можно тщательнее обсудить.

Хотя я ни на йоту не сомневаюсь в истинности информации относительно способа подготовки тела к трансформации, но практический опыт бессрочного голодания у меня отсутствует. Вся надежда на помощь и поддержку наших духовных наставников и существ, которые уже перешли в сверхчеловеческое состояние.

05. УЧИТЕЛЯ ВНЕВРЕМЕННОЙ МУДРОСТИ. ШАМБАЛА.

Процесс Посвящения предполагает открытие человеку знания о тайнах Мироздания. Для Посвящаемого человека открываемое знание всегда является абсолютно новым. Но это не означает, что это знание еще никогда не открывалось никому до него (до нее). Это знание может быть уже хорошо знакомо бесчисленному количеству Посвященных до него.

Кто же помогает открывать эти знания? Учителя Вневременной Мудрости. Существует еще целый ряд названий для них. Божества, Вознесенные Учителя, Вознесенные Владыки, Белая Ложа Гималайских Адептов, Белое Братство, Духовные Наставники,

Святые, Махатмы. Кто они такие? Я назову их просто – Сверхлюди. Да, все Учителя принадлежат к Сверхчеловеческому Царству. Местообитание Учителей – горы Тибета, их наиболее удаленные и неприступные места. Учителей очень много, гораздо больше, чем указано в книгах Е. Блаватской и А. Бейли. Подробнее мы поговорим об этом в последнем разделе книги. Скажу лишь, что все они прошли путем Будды и Иисуса Христа. Что это значит? Это значит, что Учителя бессмертны, как они.

Они вдохновляют и наставляют человечество телепатическим путем. Но, как правило, они избегают появляться среди людей открыто, так как люди обязательно стали бы обращать на них внимание. Тела сверхлюдей, хотя по форме аналогичны человеческим, но отражают гораздо больше света. Одухотворенность их лиц и изящество их тел несравнимы с человеческими. Появление таких «необычных» существ на наших улицах, несомненно, привлекло бы пристальное человеческое внимание. Как ни совершенны сверхлюди, но их тела, все же уязвимы, их можно ранить и даже убить. А люди слишком опасный вид живых существ и их очень много на Земле. Отсюда – понятная осторожность сверхлюдей. Место постоянного пребывания большинства Святых на Земле – области, не заселенные людьми. Таких мест с каждым десятилетием становится все меньше. Труднее всего людям заселять горные места. Именно по этой причине горы избраны сверхлюдьми в качестве своего «временного дома на Земле».

"Учитель — это термин, используемый для обозначения человеческих существ, завершивших свою человеческую эволюцию и достигших человеческого совершенства; им нечему больше учиться, по крайней мере в том, что связано с нашей частью солнечной системы; они достигли того, что христиане называт спасением, а индусы и буддисты — освобождением. Если бы христианство всё ещё хранило «веру, однажды переданную святым»* в своей полноте, спасение означало бы много больше, чем избежать вечного проклятия. Это означает свободу от принудительного перевоплощения, гарантию от неудач в эволюции. «Побеждающему» было обещано, что он будет «столпом в храме Бога моего, и он уже не выйдет вон». Преодолевший «спасён» (Анни Безант, "Учителя как факты и идеалы", Адепты).

Наука представляет собой ни что иное, как процесс постепенной помощи Учителей Вневременной Мудрости людям в постижении ими законов, управляющих проявленной Вселенной. Любой из выдающихся ученых в истории человечества был вдохновляем, и «работал» с одним или большим числом Учителей. Процесс «работы» с Учителем не означает, что Учитель диктует, а человек записывает. Нет, Учитель посылает человеку мыслеобразы – это идеи в виде картинок, представляющие собой ответы на задаваемые человеком вопросы. Это означает, что человек должен задаваться нужными вопросами, его мозг должен быть готов принимать поступающую информацию. Если человек далек от темы, которой будет посвящена «работа» с Учителем, он просто не поймет ничего из поступающей информации, а то и просто не поймет, что с ним вообще происходит (как это было со мной в самом начале). Это означает, что если предстоит получение знаний из области науки, хорошо бы, чтобы человек имел хотя бы начальное научное образование или просто интересовался бы наукой. Кроме поступающих в мозг человека идей, Учитель постоянно посылает советы, подсказки, указывающие, в каком направлении лучше двигаться в данный момент, на что следует обратить повышенное внимание. Мысли Учителя – это как сигнал – смотри, вот то, что тебе нужно (сейчас или вообще).

На что еще похожа «работа» с Учителем? Это как будто твой мозг сливается с чем-то еще, что помогает тебе думать и служит источником вдохновения. Мысли Учителя подталкивают к новым открытиям и окрыляют.

Идеи, посылаемые Учителем, обязательно требуют расшифровки со стороны принимающего человека, и соотнесения их с уже имеющимся у человечества знанием – это напоминает процесс перевода с иностранного языка. Скажу сразу, путь логики часто способствует процессу овладения новыми идеями, но нередко и мешает. Путь вдохновения – это путь всестороннего рассмотрения проблемы. А путь логики – пошаговый, указывающий одну «дорогу», а не всю «карту» целиком. Союз с Учителями помогает ученым познавать и творить при помощи вдохновения, не пренебрегая при этом логикой.

06. СВЕТ, ПРАНА НЕ ПИТАЕТ ТЕЛО, А ПРЕОБРАЗУЕТ ЕГО. О НЕВЕРНОМ ПОНИМАНИИ МЕХАНИЗМА ПРАНОЕДЕНИЯ

В ходе медитаций я настраиваюсь на сознание Джуал Кхула. Вот как он объясняет вопрос "питания светом".

В концепции питания праной, "Свет", "Прана" - это тот Вселенский Дух, что разлит повсюду. Высшие Планы - его источник. Нижние - приемник.

Любой организм, любое тело, любая частица - это носитель и источник этой Праны. Прана - это информация.

Человеческий организм способен воспринимать Прану-информацию из разных Планов. Прана информация изменяет тело, когда поступает в него. Когда тело насыщается Праной-информацией с высших Планов, оно духовно развивается, и эволюционирует. Это и есть "питание светом". Свет - это энергия высших Планов.

Однако само физическое тело реально использовать этот высший Свет, да и обычный физический (фотоны), для построения своего тела не может.

В теле праноеда молекулы синтезируются из углекислого газа и воды. Но не из Света.

Свет в данном случае - это информация высших Планов, которая побудила человека стать не принимать пищу.

Не стоит думать, что праноед питается Светом. Это не так.

Свет не является строительными кирпичиками его физического тела. Свет вдохновляет и преобразует физическое тело, но не строит его. Это неверное понимание. Строительные кирпичи - это молекулы. У праноеда органические молекулы выстраиваются из углерода и воды.

Прана поступает в тело обычного человека тоже. С кислородом воздуха. С дыханием.

Так что каждый, включая животных, ест прану.

Однако только праноед ест лишь прану и ничего, кроме праны. Ни пищи, ни воды он не потребляет.

Спасибо за ваше внимание!

e-mail: danina.t@yandex.ru

Все электронные книги из серии «Эзотерическое Естествознание» представлены на вебсайте Amason:

https://authorcentral.amazon.com/gp/books?ie=UTF8&pn=irid58388648

Книга 1 – «Основные оккультные законы и понятия» - http://www.amazon.com/dp/B00I1MFZV8;

Книга 2 – «Эфирная механика» - http://www.amazon.com/dp/B00I214ATQ;

Книга 3 – «Астрономия и космология» - http://www.amazon.com/dp/B00I21HFU2;

Книга 4 – «Механика тел» - http://www.amazon.com/dp/B00I21HEO4;

Книга 5 – «Биология» - http://www.amazon.com/dp/B00I21NBGY;

Книга 6 – «Новая Эзотерическая Астрология, 1» - http://www.amazon.com/dp/B00I21NDV;

Книга 7 – «Оптика и теория цвета» - http://www.amazon.com/dp/B00I21NDV2;

Книга 8 – «Химия» - http://www.amazon.com/dp/B00I21NCW2;

Книга 9 – «Термодинамика» - http://www.amazon.com/dp/B00J13QH9K.

Еще книга моего дедушки – «Воспоминания русского фельдшера о финской войне» - http://www.amazon.com/dp/B00I21QZ3K

Все эти же книги теперь будут изданы на Create Space в печатном варианте и будет продаваться на Amazon – ищите в графе – Paperback.

Те же книги на английском:

The books of the series "The Teaching of Djwhal Khul – Esoteric Natural Science" - **"The main occult laws and concepts"** - http://www.amazon.com/Main-Occult-Laws-Concepts -ebook/dp/B00GUJJR72

"Ethereal mechanics" - http://www.amazon.com/The-Doctrine-Djwhal-Khul-mechanics-ebook/dp/B00I8KSY8Y (paperback - https://www.createspace.com/4836813)

"New Esoteric Astrology, 1" - http://www.amazon.com/dp/B00JF6RMCY (paperback - https://www.createspace.com/4827294)

"Thermodynamics" - http://www.amazon.com/dp/B00KGHK8EU (paperback - https://www.createspace.com/4838412)

The book of my grandpa – **"The memories of the russian military paramedic Michael Novikov of the Finnish war"** http://www.amazon.com/dp/B00JYDITQ6

www.ingramcontent.com/pod-product-compliance
Lightning Source LLC
Chambersburg PA
CBHW051710170526
45167CB00002B/608